智慧泉系列丛书

赵 洋◎编著

男人必须知道的成功心理学

强者的生存法则　智者的取胜捷径

天津科学技术出版社

图书在版编目(CIP)数据

男人必须知道的成功心理学 / 赵洋编著.—天津:天津科学技术出版社,2010.3

(智慧泉系列丛书)

ISBN 978-7-5308-5325-2

Ⅰ.①男… Ⅱ.①赵… Ⅲ.①男性—成功心理学—通俗读物 Ⅳ.①B848.4-49

中国版本图书馆 CIP 数据核字(2010)第 042980 号

责任编辑:刘丽燕

责任印制:白彦生

天津科学技术出版社出版

出版人:蔡 颢

天津市西康路 35 号 邮编 300051

电话(022)23332398(事业部)23332697(发行)

网址:www.tjkjcbs.com.cn

新华书店经销

三河市南阳印刷有限公司印刷

开本 710×1000 1/16 印张 15 字数 225 000

2010 年 8 月第 1 版第 1 次印刷

定价:29.80 元

前　言

成功，是每个人都翘首向往的，尤其对男人具有更强大的吸引力。每个男人都深知成功在生命中的分量。男人应追求轰轰烈烈的人生，志在辉煌地去闯荡自己的事业。每个男人都将撑起一片天，但天空是否广阔，则取决于能否成功，这是不争的事实，所以每个男人都必须要学习、磨砺、锻造。但具体如何操作，并不是每一个男士都熟知。

比尔·盖茨式的成功是不是让你觉得遥不可及？巴菲特式的成功是不是让你觉得不可复制？李嘉诚式的成功是不是让人觉得太过渺茫？那么，究竟如何成功，怎样才能更快成功？

在人类历史上相当长的时间里，成功的男人主要依靠自己的肌肉，在狩猎中取得更多的猎物，或者在播种时取得更多的作物。就像有的作家描写的那样：力气大，等于握着手枪；跑得快，等于开着汽车。这样的人可以积累财富，获得他人的敬仰。后来人们发明了各种各样的工具来代替体力劳作，成功开始更多地依赖知识和经验的积累。今天，随着信息科技的发展，学习知识也变成了较容易的事情。那么，什么样的人才能脱颖而出，达成成功的呢？答案是具有超群的心理素质的人。

心理，自伴随人类诞生以来，长时间未被人类重视，直到19世纪才得到长足发展的力量，开始主导成功者的一生。

现在公认的科学心理学诞生于1879年，很快就被用于有“人”参与的各个领域。成功心理学作为心理学的一个分支，它的研究对象也是“人”，具体地说，就是“成功的人”。

成功心理学从心理学的视角，用心理学方法，研究那些被公认为成功人士的心理品质及其在成功的道路上起的作用，寻找普遍的、可以为他人学习借鉴的规律。成功是目标的实现，但是成功心理学不仅关注目标实现的结果，更重视目标实现的过程，特别是对目标实现过程中心理因素的作用。

到目前为止，成功心理学家们研究发现影响一个人成功的心理因素很多，如敏锐的感觉、稳定的注意力、深刻的理解力、持久的记忆力、能够抑制需要、维持动机、控制情绪等。随着成功心理学研究的不断深入，人们对影响成功心理学的因素有越来越多的认识。

我们在这本书中向大家介绍了成功心理学的主要成果，包括人格特征、情绪心态等因素对成功的影响，以及如何利用人际关系，超越心理障碍，发挥心理潜能，等等。

取得成功的过程就如马拉松比赛，并不是每个人都能冲到终点。一路上，总有很多意外的困难，让人猝不及防甚至一筹莫展，而本书将会为你提供最切实的帮助，帮助你排解困难，实现成功的梦想。翻开本书，就可以找到属于自己的成功捷径，造就平凡人的非凡人生。

最后，我们要提醒所有拥有远大志向的人：健全的心理是成功的保障，但成功并不能只依靠心理因素的作用，强健的体魄，丰富的学识，加上脚踏实地的行动，才能将成功的桂冠收入囊中。

——编 者

目 录

第二章 成功要靠自身的实力

有人把成功归因于机遇的垂青,但实际上一个人能否成功的决定因素在于他是否具备完备的能力。能力的获得要靠实践的磨炼和经验的积累。一个人生活经历越曲折,阅历越丰富,能力就越强。能力来源于生活,来源于我们所经历的一点一滴。

第三章 成功不能靠单打独斗

在通往成功的路上，抱着顽强的态度与执著的精神固然不错,但个人的力量毕竟是有限的。拥有良好的人际关系,学会合作与双赢,借助群体的力量,才能迅速成功。

俗话说，江山易改，本性难移。一个人要完善自己有缺陷的人格不是件容易的事，所以有的人总是与成功擦肩而过，留下终生的遗憾。“性格决定你的一生”，只有当你真正明白这句话的含义和真谛，并努力完善你的人格时，成功才会属于你。

第五章 成功者要有良好的习惯

习惯在不知不觉中,经年累月地影响着我们的行为,影响着我们的效率,左右着我们的成败。所以,在实现成功的过程中,除了要不断激发自己的成功欲望,要有信心、有热情、有意志、有毅力等之外,还应培养优良习惯。

第六章 成功者要有出众的口才

无论是政界领袖还是商界奇才，古今中外99%深具影响力的人士都是善于表达沟通的大师。口才是通向成功的独特资本。成功是金字塔的塔尖，口才则是不可少的基石。成功者应当是一个出色的口才专家，无时无刻不展现着自己口才的魅力。

第一章

每个人都有成功的潜能

成功，在某种意义上意味着超出自身能力的发挥。所有渴求成功的人都应该了解，这种超出常规的能力就蕴藏在自己身上，心理学上称为“潜能”，也就是潜在的能力。

一天晚上，一个人走近路穿过墓地，不留神栽进刚刚挖好的墓穴中。因为墓穴很深，泥土又湿滑，他几经努力也没能爬出来。筋疲力尽之后，他只好在角落里蜷缩成一团，昏昏沉沉地睡着了。巧的是又有一个人落入其中，在耗尽了企图爬出墓穴的力气之后，同样得出了无法逃出的结论。

就在这位老兄四处折腾的时候，睡着了的那位被惊醒了。他隐藏在墓穴黑暗的角落中，用一种低沉而焦躁的声音说道："你永远无法逃出这里。"猛然听到"空荡荡"的墓穴中发出声音，第二位仁兄大受惊吓。他几乎没有迟疑，便纵身跳出了墓穴，一路飞奔跑回了家。

成功，在某种意义上意味着超出自身能力的发挥。比如，一个身高 2 米的人能够扣篮，这不算是成功，而身高只有 1.6 米的人如果做到这一点，就是成功。所有渴求成功的人都应该了解，这种超出常规的能力其实就蕴藏在自己身上，心理学上称为"潜能"，也就是潜在的能力。

成功要靠潜能激发

一位农夫看到14岁的儿子开着轻型卡车翻倒在水沟里，他大为惊慌，急忙跑到出事地点，看见他的儿子被压在车子下面。农夫身材并不高大，但是他毫不犹豫地跳进水沟，把车子抬起了将近半米的高度，足以让赶来援助的人把孩子从下面拽出来。

等到孩子被送往医院，农夫开始觉得自己的能力不可思议。由于好奇，他就再试了一下，结果根本就搬动不了那辆车。

弗洛伊德说，冰山浮在海平面可以看到的一角，是意识；而隐藏在海平面以下，看不见的更广大的冰山主体便是潜意识。根据现代心理学理论，所谓意识，是人所特有的反映客观现实的高级形式。而潜意识，是指人没有意识到的心理活动。心理学家弗洛伊德和布洛伊尔在治疗癔病时发现，患者不能意识到自己的一些情绪经验，但是在催眠状态中，却能够回忆起自己有关病症的经验，并且感到舒畅。

同样，正常人也有很多心理能力是自己体察不到的。例如科学家发现，人类贮存在脑内的能量大得惊人，但是到目前为止，人类普遍只开发了大脑的5%，约有95%的大脑潜能尚待开发利用，即使像爱因斯坦这些科学精英的大脑的开发程度也只达到13%左右。要是能够发挥一半的大脑功能，就可以轻易地学会40种语言，背诵整本百科全书，拿12个博士学位。如果能够察觉到这些能力并加以开发，成功就不是难事。

潜意识 *subconscious*

心理专家测定，潜意识的力量是有意识力量的3万倍。人脑兴奋时只有10%～15%的细胞在工作，可储存多达10个信号，而留在记忆中的却只有少部分。正常人的阅读速度为每小时30～40页，经过训练的人能达到300页。可见，通过发掘人体内的潜在力量，人类可以克服许多遗传弱点。

尽管可以通过实验定性测量人体的极限，但无法定量。也就是说，人的潜能具有不确定性，要到什么程度才算是极限，是无法定量的。譬如以前跑100米时，有人预测极限是10秒，但现在田径场上百米赛跑纪录达到了9.58秒，还有很多运动员在为突破这个纪录而努力。

生理潜能的发挥也离不开心理因素，要想达到人体蕴藏潜能的极限，必须具备良好的心理素质。稳定的人格，没有偏激、猜疑，拥有积极向上的心态，都是开发人体潜在力量的前提。人通过提高认识、学习技巧、培养感受力和领悟力、意志等方法，积极开发人的心理潜能，才能带动生理潜能的开发。因此，从广义角度，任何潜能都属于心理潜能。

古代人已经学会通过一些途径考察人的潜能。古罗马的将军们在评价士兵的战斗能力时，奉行一条简单的标准：在危急时刻看某士兵的脸色是发红还是发白，脸色发白的士兵常被委以重任。将军们根据经验认为，紧急情况下脸色发白的人大多冷静、坚忍，具有必胜的信念；而脸色发红者在紧要关头容易动怒，或易惊慌、恐惧，这类人在日常生活中又往往过于自信。

这种古老的观点未必没有科学依据。现代科学家发现，人体的肾上腺能够分泌两种激素：肾上腺素和去甲肾上腺素。脸红者的肾上腺素水平较高，这种人在遇到困难时容易不安、恐慌。去甲肾上腺素水平较高者遇事脸发白，使他们在精神负担下保持生理和心理的平稳。因此，研究人员也在寻求合理调控上述激素水平的方法，以求控制人的某些精神状态和潜在的能力。

借助心理测试、描记心动图、测动脉血压和脉动等途径，研究人员能够监测人在一定情境下所表现出来的潜能和弱点根源。在获悉这些情况后，潜能专家可通过特殊的方法使求助者逐步克服弱点，发挥潜能。

成功者说

任何成功者都不是天生的，成功的根本原因是开发了人的潜能。每个人都具有很大的潜能，然而我们很难意识到它的存在。

成功需要强烈的欲望

退伍军人史蒂文在战争中脊柱受伤，失去了行走的能力，靠轮椅代步20年。他整天坐在轮椅上，觉得此生已经完结。有一天，他不幸碰上三个劫匪抢他的钱包。他拼命呐喊反抗，激怒了劫匪，他们就放火烧他的轮椅。看到轮椅着火，史蒂文好像忘记了自己的双腿不能行走，立刻站起来逃走。求生的欲望竟然使他一口气跑了一条街。

事后，史蒂文说："如果当时我不逃走，就必然被烧伤，甚至被烧死。我忘了一切，一跃而起，拼命逃走，直至停下脚步，才发现自己会走。"

欲望，在心理学上称为"需要"，是人脑对生理需求和社会需求的反映，是个体心理活动和行为的基本动力。需要是行为动力的源泉，正是这样或那样的需要推动着人积极地活动。比如饥饿时寻找食物，孤独时寻找伙伴，都是在相应需要的推动下进行的。

需要具有发展性，不会因暂时满足而终止。有些需要带有明显的周期性，如对饮食和睡眠的需要；有一些需要满足后，会产生新的需要，新的需要又推动人们去从事新的活动，在活动中不断满足已有的需要，又不断产生新的需要，从而使活动不断向前发展。所以爱因斯坦说：想象力比知识更重要，因为知识是有限的，而想象力概括着世界的一切，推动着世界进步。

需要层次理论 *need-hierarchy theory*

需要的心理学理论中，影响最大的是人本主义心理学家马斯洛的需要层次理论。

马斯洛认为，人类的基本需要是按优势出现的先后或力量的强弱排列成等级的，人类有五种基本需要，即生理需要、安全需要、归属和爱的需要、尊重需要和自我实现的需要。后来他又在尊重需要和自我实现需要之间增加了认知需要和美的需要。

人类的需要非常复杂，一般来说，可以分为生理性需要和社会性需要。社会性需要如果长期得不到满足，虽然不会直接危及人的生命，但可能导致适应不良，出现某种心理障碍等。例如，交往的需要如果长期得不到满足，会使人感到孤独，并可能出现交往方面的心理障碍或问题。

人类的基本需要是相互联系、相互依赖和彼此重叠的，他们排列成一个由低到高逐级上升的层次。只有低级需要得到基本满足后，才会出现高一级的需要，只有前面几种需要相继得到满足，才会出现自我实现的需要。最占优势的需要将支配一个人的意识，并组织有机体的各种能量来满足此需要，而不占优势的需要将被减弱。层次较高的需要发展后，层次较低的需要依然存在，但对行为的影响则减弱了。

生理需要是直接与生存有关的需要。在人类各种基本需要中，生理需要是最基本的，也是最有力量的需要，是其他一切需要产生的基础。如果生理需要中有一种不能满足，就会影响个体的正常生活。

大多数人的生理需要是容易满足的，但当无法满足时，会引起强烈的欲望。这就是自幼家境贫寒的人容易成功的缘故。他们经常衣食不足，生理需要得不到满足，有着强烈的生存欲望，从而激发了他的潜力。相反，很多家境富裕的孩子不易产生强烈的欲望，他们的需求层次在一开始就比较高。但是随着需求层次的上升，需要的力量相应减弱，产生欲望的强烈程度就会随之降低，不利于潜力的爆发。

所以，成功就需要人在不同的需求等级上都保持强烈的欲望。如果欲望的强度相同，那么需求的等级越高，成功的层次就越高。如生理需要带来的成功很可能只是拥有很多金钱，其结果是会成为一名普通的商人；尊重需要可能带来令人景仰的地位，结果可能是成为教授或政治家；自我实现的需要可使自己不断超越自我，结果是无论在那种行业，都会成为世界上最杰出的人。

成功者说

如何才能永远保持进取心呢？你要能够不断地在尝试中找到乐趣，甚至要学会冒险。要使自己的进取心不被消磨，就要抛弃名利思想，学会欣赏超越本身的乐趣。

成功需要自我激励

发明大王爱迪生小时候只上了三个月的学就被开除了，老师说他太笨了。但爱迪生的母亲坚信自己的孩子绝对不笨，她经常对爱迪生说："你肯定比别人聪明，这一点我是坚信不疑的，所以你要坚持自己读书。"并且亲自辅导爱迪生学习。在母亲的鼓励和教导下，爱迪生经过不懈努力，成为伟大的发明家。

激励的字面含义就是激发、鼓励。激发是通过某些刺激使人发奋，主要是指激发人的动机，使人有一股内在的动力，朝着所希望的目标前进。人的积极性和创造性的发挥与其所受到的激励程度有密切联系。美国著名心理学家W·詹姆斯发现，一个人的能力在平时的表现和经过激励后的表现几乎相差一半。

从心理学的角度看，积极性是指人的行动的心理动力。心理动力大，积极性就高；心理动力小，积极性就低。人的积极性的发挥，一般取决于两个因素：一是能力，二是动力。能力的发挥在很大程度上取决于动力。激发人的动机，使人有一股内在动力，就能推动并引导行为使之朝向预定目标前进，即能调动人的积极性以实现目标。

激励有两种形式：物质激励与心理激励。对于成功而言，心理激励更为重要。因为物质激励容易被视为行为的结果，从而使人产生"完成任务"的心理，而有倦怠的感觉。而心理激励是先行的，不受任务进程的影响。激励也有外在激励与自我激励之分。爱迪生的母亲对儿子所实行的就是外在激励，自我激励因为自觉性更强，所以效果就更好。一般而言，恰当的外在激励能够引发自我激励。

古希腊有个有名的神话故事。

年轻的王子皮格马利翁很喜欢雕塑。有一天，他雕塑了一个美丽的少女。这个雕塑太美了，以至于王子爱上了这个雕塑，热切地希望“她”成为一个真正的少女。后来王子的诚心感动了天神，天神就使这个雕像真的变成了美丽的少女，和王子生活在一起。心理学上用这个故事命名了一个心理学效应——皮格马利翁效应，指热切的期望能使被期望的人达到期望者的要求。

人们通常这样来形象地说明皮格马利翁效应：“说你行，你就行；说你不行，你就不行。”在爱迪生的例子中，他的母亲对他施行了心理暗示，就是“你很聪明”，“你一定会通过自学成才”。这种暗示很强烈，让幼小的爱迪生深信不疑，从而在学习上发挥出了自己的聪明才智。

罗森塔尔和雅可布森实验 *Rosenthal–Jacobson study*

美国心理学家罗森塔尔和雅可布森在一所小学里，对 6 个年级共 18 个班的学生，进行了所谓的“发展测验”。测验结束后，他们给每个班级的教师发了一份名单，并告诉教师说，这名单上列出的是班上更有发展可能的学生。8 个月以后，心理学家对所有学生的学习成绩进行了追踪检测。结果发现他们提供给教师名单上的学生，学业成绩有了显著的进步。其实，这些所谓的“更有发展可能”的学生是随机抽取出来的。

著名心理学家班杜拉提出了自我效能理论。他认为可以通过以下途径来培养个体的自我效能感。

首先是适当的外部强化。外部强化能促进任务的完成，激励个体不断奋斗。外部强化可以使个体看到自己的进步、能力的提高。及时的自我强化以自我奖励的方式激励自己达到某一目标，目标的实现可以提高自我效能感。

为什么自我期待心理可以产生如此之大的作用呢？因为信任在人的精神生活中是必不可少的，它代表对人格的积极肯定与评价。每个人都有被别人信任的需要，而当这种需要得到满足时，人们就会感到鼓舞和振奋，就容易发挥出自己的潜力。

人类的本性中，有一种强烈的倾向，就是希望能变成自己想象中的样子。我们的表现，完全是思想的结果。可见思想具有决定命运和结局的力量，这是一个普遍真理。许多成功人物所以能够实现他们的梦想，主要是因为他们将渴望和思想具体化、形象化，他们具有按照成功来思考问题的习惯。他们所想、所做的都朝向成功，因而最后都成为事实。

成功者说

心理学认为，人可能会“条件反射”地受到某种定性思维、行动以及结果的禁锢。正是一次次对自己的负面暗示，使得我们放弃了努力，殊不知机会已经悄然临近。所以，我们要主动接受正面暗示，排除负面暗示，使自己充满自信。

成功需要明确的目标

美国妇女弗罗伦斯·查德威克是第一位横渡英吉利海峡的女性。之后，她计划横渡宽三十多千米的卡塔丽娜海峡。

1952 年 7 月 4 日，海面上的雾气非常浓，海水也特别凉，冻得弗罗伦斯身体发麻。她连护送自己的船都看不到，所以就一个人在海中游。15 小时 55 分钟之后，她感到又冷又饿，知道自己不能再游了，请求随行的教练和母亲把她拉上船。他们告诉她，只要再坚持一下就到了。但是，由于她看不到海岸，决定放弃。这时，她离海岸不到 800 米。

后来弗罗伦斯总结说，她放弃的原因主要是浓雾，让她看不到海岸。两个月后，她终于成功地游过了这个海峡，而且比男子纪录快了约两小时。

正像有句俗语说的：人吃饭是为了活着，但是人活着不是为了吃饭。几乎每个人都有他的目标，目标给了人们生活的目的和意义。要取得成功，我们就必须有明确的目标。有了目标,才知道要往哪里去,去追求些什么。没有目标,努力就会失去方向,就不可能做出任何有意义的事情,就不可能成功。

许多失败都与目标的不具体有关,只有制订明确的目标,努力才有方向,目标明确具体,人们的行动才会有较高的效率。就像打篮球,要想投篮成功必须要知道篮筐的方向。因此,每一个愿望都应该转化成为明确而具体的目标。

心理学研究发现,在人的恐惧心理中,最根本也是最顽固的是对恐惧本身的恐惧。比如在恐怖电影里,如果突然从门后面跳出一个面目狰狞的鬼怪,观众可能会吓一跳,但是研究发现,观众恐惧感最强烈的时候是鬼怪跳出来之前的一刹那,因为观众还不知道接下来会发生什么。一旦观众知道下面的剧情,甚至了解了鬼怪的样子,恐惧感就会迅速降低。所以,有目标追求的人,心理的压力和张力就会减弱。

每个人都有过梦想,有些人能使梦想成真,但有些人的梦想成了幻想,或者不再存有梦想。主要的原因在于能不能定出正确的目标。我们确定的目标一定要清晰、具体、现实而富有挑战性。

一项针对日本东京大学毕业生的调查表明,只有3%的毕业生有明确的目标,并予以书面化。12年后,针对同一人群的跟踪调查发现,当初有目标的人的收入明显优于其他人,并且对生活的满足程度也高出许多。可见,明确的目标对成功多么重要。一个人的潜能是无限的,但又是不具体的,它深藏于心灵深处,而心灵深处真正的欲求和明确的意图是开启这扇门的钥匙,并使潜能发挥出最大的功能。只有明确且经宣告的目标才能激发所向披靡的潜在力量。

跳高试验 *high jump study*

把一群跳高成绩超过1米的学生,随机地分为两组进行训练。告诉A组要跳过1.2米,告诉B组尽量跳得高一点。训练的结果是:A组成绩好于没有具体目标的B组。这个实验说明,仅有跳得更高的愿望还不够,必须有明确、具体的目标,才更能激发出人的斗志。

美国心理学家费约做过一项类似的实验。他把大学生随机分成三组，要求他们用右手食指拉起测力计上悬挂的重达 3.4 千克的砝码。对 A 组不说明任何理由(无特定动机组)，对 B 组要求是尽量表现出自己最大的能力，对 C 组则说明完成任务具有十分重要的社会意义(实际上不可能有什么"社会意义")。结果，C 组的效率最高。

制订目标可帮助我们获得成功，成功是通过努力获得的，努力就要有目标。我们会极力保护自己的劳动成果并使其增长，把它建立在更加坚实的基础上。有人可能没有制订目标也取得了某种程度上的成功，但是不制订目标，就不能充分发挥其潜能。

怎样找准目标呢？如果你希望你的愿望能够实现，那么就将你的愿望拆分成一个个具体的、可行的、可以评估的目标。摆脱所有干扰，找一个安静的地方，认真思考你的目标。拿出纸和笔，不要害怕写出很多乱糟糟的东西，不要把它撕成碎片扔掉。目标可行并不意味着可以降低自己的目标，目标必须超越自己最大的能力，同时必须是可信的。如果不可信，我们就不会有实现的信心，也就不可能达到我们想达到的境界。超越原先的目标，这样就更能激发出内在的动力。

不过心理学研究还表明，目标与成功可能性之间的关系不是线性关系，而是倒 U 形曲线关系。也就是说，在比较容易的任务中，工作效率有伴随目标的提高而上升的趋势；而在比较困难的任务中，结果的成就水平有逐渐下降的趋势。这种伴随任务难度的增加，成就水平逐渐下降的现象是叶克斯和多德森通过动物实验发现的，称为"叶克斯 - 多德森定律"。

成功者说

中等难度的目标最有利于任务的完成，一旦目标过高，对行为反而会产生一定的阻碍作用。例如有的学生一心一意想考满分，但临场时处于高度紧张状态，结果往往不能充分发挥出真正的水平，甚至不及格。

成功需要敢担风险

据说，法国皇帝拿破仑在巡视军营的时候，听到一个落水士兵的求救声。拿破仑问随行的军官：“他会游泳吗？”军官回答说：“会一点儿，但是水性不好。”

拿破仑命人取来一支长枪，对着落水士兵的身旁射击，并且喊道：“马上给我游上岸来，不然我就枪毙你！”子弹打得士兵周围水花四溅。落水的士兵于是挣扎着游回岸边。他对拿破仑说：“皇帝陛下，您差点儿打死我。”拿破仑说：“如果我不开枪，你才死定了。”

英雄和懦夫都会恐惧，但英雄和懦夫对恐惧的反应却大相径庭。大多数人，不能在人生中产生突破，是因为他们对失败的危险有很大的恐惧。比如大多工薪阶层拥有高薪而稳定的工作，要比自己创业保险得多，他们想的也就是自己可以高枕无忧地生活下去，但是，他们从来没想过，如果自己创业，也许只要几年的时间所赚的钱就够自己一辈子用了。

许多人认为，生活中应当避免冒大风险。比如创业就太冒险了，如果失败了将如何面对负债累累的困境。他们总是从这个方面去想，似乎创业就意味着失败。于是，接受大公司的职位成为许多人的上上之选，似乎其中不存在某天被解雇的风险。

世上没有万无一失的事，很多认为有百分之百把握的事最终也可能失利。商界更是没有万无一失的致富门道，但这不该是你不去做的理由，因为不动手做的人，虽然不会失败，但也绝对不会成功。任何人开始某项尝试的时候，实际上他已经开始冒风险了。因为天下没有在做之前就能肯定百分之百成功的事。在你追寻的过程中，任何小的差池都会使你的成果大打折扣。

普通人把创业看做有危险而心存恐惧。所以，他们宁愿给别人打工，也不愿创业。这种心理状态是比较普遍的，即使是作为自由创业经济中心的美国，也只有 8%的家庭是为自己打工的业主或自由职业者。在中国，这个数字就更少了。但是他们不知道，只有把自己抛入危险之中，才能发挥出最大的潜能。这与一种称为“应激”的情绪状态有关。

应激 *stress*

人在面对危险状况或出乎意料的紧张情景时，就会进入应激状态。这时，其生理状态会发生显著变化。肾上腺会分泌大量肾上腺素，使血压升高、心率加快、血液循环加速，同时肝脏释放的大量肝糖原随着血液循环不断提供给大脑与肌肉，而消化系统暂停工作，使人体的血液相对集中。于是，在血液量充沛的情况下，肌肉获得了远远超出通常水平的巨大能量，使人瞬间变得更为强壮有力，而大脑在养料与能量的补给中，使思维变得更为灵敏、警觉。这种生理上的突发性剧变，有助于人适应突如其来的偶发事件，动用自己的全部力量，发挥出所有潜力。

很多人都问过自己这样的问题：“为什么我愿意当一个拿工资的雇员呢？”甚至有时候自己都不知道这个问题的答案。一个主要的原因是，他们以为有胆量就没有恐惧感。

《韦伯斯特英语大辞典》把“胆量”定义为“冒险、坚持以及抵御危险、恐惧或困难的精神力量”。冒险者懂得如何“权衡利弊”。他们把冒险行动的所有不利因素列在一边，把有利因素列在另一边。首先，他们考察不利因素，然后利用有利因素克服恐惧，克服这些不利因素。冒风险者只是冒那种有利因素大大超过不利因素的风险。在权衡利弊中，冒险者还必须能够想象成功，想象冒险行动可能带来的全部好处。

但是，应激状态如果延续时间过长，剧烈的生理变化具有潜在的危害。由于人体能量大量消耗，机体容易受感染，而大量的肾上腺素随血液流动对机体组织、器官构成伤害，病变便由此而发生。应激也有两重性，它既能增强人的活动能力，使思维变得清醒、灵敏，也可能减弱人的活动能力，使人行为呆板、思维紊乱。应激状态中的不同反应主要取决于人的主观因素，其中既有先天因素（如高级神经活动类型）的影响，也有后天因素（如长期形成的思维特征、性格特征和知识经验)的影响。毫无疑问,后天因素对应激行为的影响更为明显。

冒险不是蛮干。大多数人长时间地面对巨大的风险,也有可能降低自信心和耐挫力。勇于冒险不同于赌博,不等于碰运气,它是积极主动进取,而并非不管结果如何,先做起来再说。

成功者说

真正的冒险不是头脑发热的产物,而是谨慎的人进行的大胆尝试。众多成功人士的经历告诉我们:承担风险必不可少,但碰运气式的冒险绝对不可以。

成功人生来自规划

1969年,匈牙利教育家拉斯洛·波尔加的大女儿苏珊出生了,五年后二女儿索菲亚来到了人世,过了一年又生下了三女儿朱迪。波尔加和妻子放弃对女儿们进行传统的学校教育,而把全部教育转到家庭中,一开始就把她们带到国际象棋领域。于是,他们营造训练气氛,聘请专职教练严格训练,使她们的棋艺进步神速,棋艺比起众多一流棋手毫不逊色。苏珊4岁就获得布达佩斯11岁以下儿童冠军,7岁成为女子象棋大师。此后,波尔加三姐妹如耀眼的星星一样,相继闪烁在国际象棋界。

1989年,三姐妹组队夺得国际象棋世界杯团体冠军。1996年苏珊成为世界历史上第8位棋后,朱迪以女性的身份参与世界男棋手排名,并进入十强之列。朱迪在世界女棋手中排第一、苏珊排第二、索菲亚排第六。

生涯规划已变成现代人必修的人生课题。波尔加三姐妹光彩照人,正说明人生不仅可以策划,在父亲的匠心独运中,还可以获得很大的成功。他为三个女儿策划了成功的人生之路,创造了奇迹。孙子兵法云:庙算多者多胜，庙算少者少胜。成功很多时候就是策划出来的。

“生涯”一词由来已久，“生”原意为“活着”，“涯”为“边际”，“生涯”连起来是“一生”的意思。我国古代文人在他们的诗文中就有用到“生涯”一词的，如刘长卿在他的诗中写道：“杜门成白首，湖上寄生涯”，这里的“生涯”已很接近现在我们对生涯的理解了。

日常生活中，我们也时常会用到“生涯”一词，如描述一个人从政的经历时，我们会说“在他的政治生涯中”；描述一个人当兵的经历时，会说“在他的军旅生涯中”；描述一个人的演艺经历时，会说“在他的演艺生涯中”；描述已经退休的人以前的职业生活时，会说“在他的职业生涯中”，等等。

生涯的英文为career，从字源看，来自罗马文viacarraria以及拉丁文carrus，两者的含义均指古代战车。在古希腊，career这个词蕴涵疯狂竞赛的精神，后来又引申为道路，即人生的发展道路，也可指人或事物的经历，或指个人一生中担当的一系列角色与职位。

生涯不是个人在某一时段所拥有的职位与角色，生涯是一生当中连续不断的发展过程。生涯概括了一个人一生中所拥有的各种职位、角色，因此，生涯不是个人在某一阶段所特有的，而是终身发展的过程。每个人的生涯都是独一无二的。生涯是个人依据他的人生理想，为了自我实现而逐渐展开的独特的生命历程，不同的个体有不同的生涯，也许某些人在生涯的形态上有相似的地方，但其实质却可能是完全不同的。人是生涯的塑造者。生涯是个动态发展历程，每个人在不同的生命阶段中会有不同的企求，这些企求会不断地变化与发展，个体也就不断地成长。生涯是以个人事业角色的发展为主，包括其他与工作有关的角色。生涯并不是个人在某一阶段所拥有的职位、角色，而是个人在他一生中所拥有的所有职位、角色的总和，这个总和不只局限个人的职业角色，也包括学生、子女、父母、公民等涵盖人生整体发展的各个层面的各种角色。

心理周期 *mental cycle*

人的一生从婴儿到老年是一个完整的心理周期，不同阶段会有不同的人生任务和心理特点。生涯规划，是为个人制定生涯目标，找出达到目标的方法手段，其重点在于找出个人目标内的机会，达成更好的组合，强调提供心理上支持。在整个生涯中，因为年龄及成长阶段、环境等的不同，所扮演的角色及所担负的任务也会不同。因此，在拟订生涯规划时，必须审慎而周到地考虑到每个阶段的需要。

发展心理学家认为，生涯规划依年龄划分为以下四个阶段：在30岁以下为自我发现期，30～40岁为自我培养期，40～50岁为自我实践期，50岁以上为自我完成期。这与孔子所说的"十有五而志于学，三十而立，四十而不惑，五十知天命，六十而耳顺，七十而从心所欲，不逾矩"不谋而合。随着现代人心理早熟的倾向、信息发达等因素，这种年龄层的划分可能还会降低。

生涯的"生"，是"一棵禾苗，从地上长出来"的意思。一颗种子，想要茁壮成长为大树，需要有适合的土壤、阳光、空气和水分。我们对自己生涯的关心与培植，就像阳光、空气、水，一个愿意为生涯付出努力和行动的人，人生就会丰富多彩、生生不息。若是浑噩度日，当你回顾往事时，可能只有无限的惆怅和懊悔。所以每个人都应该通过对生涯的探索，根据自己的气质、背景、需求、价值、性格等，制订适合个人的生涯规划。

成功者说

生涯规划包罗万象，一个人生涯中的点、线、面极为广泛，几乎无所不包。生涯规划不仅是对事业、职业的追求，更重要的是对生活形态的选择。

价值认知决定成功道路

一天，一位哲学家与渔夫在一艘小船上。哲学家问渔夫："你懂得哲学吗？"

渔夫回答："不懂。"

"那么你失去了30%的生命。"哲学家又问，"你懂数学吗？"

渔夫回答："不懂。"

哲学家说："那么你失去了80%的生命。"

这时，一个大浪打过来，把哲学家打到了海里，渔夫大声喊道："你懂得游泳吗？"

哲学家回答："不懂啊！"

渔夫说："那么你就失去了100%的生命。"

在人的一生中，每个人都会面临许多抉择，需要做出明智的决定。个人的价值观是影响你决定的根本因素。虽然人生发展除了自身的条件外，竞争对手与机会等客观因素也影响很大，但是价值观与成功目标的确定息息相关。

价值观是指人对经济、政治等的看法，凡是你觉得重要的、值得追求的，就是你认为有价值的。价值观的探索是人一生的课题，价值体系有相当的稳定性，但人的价值观会随着个人的生活经验而变动。任何人都需要经过岁月的磨炼和自省，逐渐形成稳定的价值观。

人的发展任务 *the task of human development*

美国心理学家赫威斯特在《人类发展教育》一书中列出了人的十项发展任务：

1. 在个人的行为导向上，能建立适当的人生观念与道德标准；

2. 能够选择适合自己能力和兴趣的职业，而且肯为取得该种职业努力准备；

3.有经济独立的信心，即使在金钱上尚不能自给自足，在生活中尚不能自食其力，自己也有信心和意愿不依靠别人；

4.情绪表达逐渐成熟，凡事不再依赖父母或其他成员的支持与保护；

5.在知识、技能、观念等方面，都能达到平均的标准；

6.接纳自己的身体和容貌，不过分炫耀自己的优点，也不过分掩饰自己的缺点，能按自己身体的条件去发挥最大潜能；

7.行为上能扮演自己的性别，不但乐于接纳自己的性别，而且能恰如其分地表现属于自己年龄和性别的行为；

8.在日常生活中，与同辈人（包括同性和异性）建立和谐的人际关系；

9.认真考虑选择婚姻对象并开始准备过独立的家庭生活；

10.乐于参与社会活动，能对自己的行为负责任。

价值观通常是最深层的、不外露的。朋友间可以分享彼此的人格类型、个人风格，但不会轻易明显展示价值观。价值观因此变得更加深邃，成为引导人们日常生活不易察觉而又无所不在的力量。价值观的探索是生涯规划中的重要课题，是影响个人生涯决定的重要因素。

价值观的清理是自我心理发展的重要课题之一。心理学家经过多年研究，总结出了20种一般人所追求的人生价值。你可以仔细思考，哪一个是你的人生意义。

1.经济报酬　工作的目的就在于获取报酬，重视财富的积累，收入的高低常会有意无意地影响人们对工作的选择。

2.威望　看重自己的尊严与威望。希望所从事的工作能带来较好的名声，获得别人的尊重和肯定，愿从事社会地位较高的职业。

3.成就　看重工作中的成就感，希望能有成绩突出的表现，也会因为一项工作完成了而获得满足。喜欢从事能够看到成绩的工作。

4.升迁及个人发展　重视工作的长期发展，在考虑选择工作时，会以升迁、进修、在职训练机会较多，或长期发展趋势看好的工作为目标。

5.稳定性 重视工作的稳定性而不是冒险性。不希望经常调换工作，希望捧着铁饭碗，不会被裁员，也很少想换工作，是政府公务人员最重视的价值观。

6.专业发挥 希望在工作中发挥所学，因此，一份适合自己个性、兴趣的工作是很重要的。在工作中能够展现个人能力，发挥专业特长就能带来满足。

7.审美性 很重视美感，希望自己做出来的东西能有一些美感和艺术气息，追求美感的呈现，不喜欢丑陋、平板的事物。

8.变异性 希望自己的工作是多姿多彩富有变化的，不喜欢每天做同样的事，更讨厌呆板、单调，期待工作时每天都能遇到新鲜事。

9.挑战性 喜欢面对不同的挑战，宁愿失败也不愿意守成，喜欢向自己的极限挑战，不断超越自己。

10.工作中的人际关系 重视与同事和上司的关系。喜欢在工作中认识很多朋友，工作中的人际关系和谐，除了工作时间外，也喜欢和同事来往交流。好的同事关系能带来较大的满足，而不佳的同事关系会影响工作效率，甚至影响生活。

11.遵纪守法 重视工作的正当性。不会做不正当的、不符合法律和道德的事情，更不希望工作会造成对他人直接或间接的伤害。

12.利他主义 有明显的理想性格，工作的目的是为了造福他人，喜欢从事能够帮助别人的工作，希望因自己的付出让社会更加美好。

13.心灵成长 希望能在工作中促进自我成长，并通过工作认识各种不同个性、不同生活背景的人。

14.自我充实 对工作的附带效益较重视。希望通过工作获得更多的知识，扩大眼界，喜欢动脑筋想新的点子。

15.实现性 工作的目的在于能够表达自己的想法和看法，喜欢能表现自我风格的工作，更希望能将个人理念透过工作而付诸实现。

16.对组织及工作的影响力 希望能对所在的机构有所影响，喜欢领导别人一起工作时的能力感，若无力改变组织中不合理的现状，会有比其他人更深的挫折感。因此，有可能成为团队中最有影响力的领导。

17.自由度 能安排自己该做的工作。很有主见，别人的意见通常只做参考，坚持己见是常有的事。

18.工作环境 选择工作时，会特别注意该工作的环境。喜欢在安静舒适的环境下工作，会避免去从事室外与嘈杂的工作，会尽量去经营自己的工作环境，使自己更舒适地工作。

19.生活安逸 最重视能过安逸的生活，不希望从事太辛苦的工作，也不喜欢因工作而让生活过得太紧张，希望工作轻松、愉快。

20.休闲时间 重视假期，希望有较多较长的假期，无法接受几乎没有休假的工作，也不希望工作妨碍自由自在的生活。

有人认为价值观不过是指书本上的大道理或社会上一般人的看法，这样的想法是偏颇的。价值观对一个人来说，更重要的是内心认定的、言行上实践的，也是由个人对各种事情不同的喜好而推论出来。或许大多数人认为财富是最重要的，但有的人却认为为了健康可以牺牲财富，"健康"才是人生的价值所在。

成功者说

人生的意义不仅仅是个性的选择。人类社会发展了数千年，已经形成了一套比较成熟的价值规范，无论什么样的民族，在大部分价值观上都是相同的。

如何确定成功的路径

美国拉福商贸公司的创始人比尔·拉福在中学毕业时就立志经商。但是他在洛克菲勒集团任高级主管的父亲劝他首先学习机械制造,因为在商业贸易中,工业产品占据了绝大部分。而且工科学习有助于使人建立起一套严谨求实的思维体系，训练人的分析、推理能力,使人对工作具有脚踏实地的态度。麻省理工学院毕业后,比尔又去芝加哥大学攻读经济学硕士,然后进入政府工作了 5 年,锻炼人际交往能力,编织关系网络,然后才进入商业领域。

在通用公司工作了 2 年后,比尔开始创业。20 年内,他的资产扩大了 1000 倍。

规划成功的过程和旅行类似，初次上路的新手常受外界因素的影响，而且多数只看到眼前的道路。没有成功经验的年轻人,对成功过程的认知缺失,加上对迅速成功的渴望,会使他在深思熟虑之前就采取行动。这一类人生规划的方法,专家称之为“便捷规划法”。便捷规划法包括以下七种一般人常用的决策方法。

1.自然发生法　不少学生在高考后填写志愿时,并未仔细考虑自己的兴趣志向,只要找到分数所能录取的学校专业,便草草做出决定。也有人到了适婚年龄,面临强大的人际关系压力和孤独心理,就对婚姻大事勉强凑合了。

2.刻板印象法　以性别、年龄、社会地位等刻板印象来选择工作。女性较适合从事服务业,男性较适合从事政治,做企业家。

3.大趋势法　跟随短期的市场需求的趋势，盲目投入新兴的热门行业。这是从众心理的典型表现。

4.拜金主义法　选择待遇最好的行业。有不少拥有大学以上文凭的人，放弃发展自己的专业，而选择钱多事少离家近的工作。这样的人一般追求舒适的生活，耐挫折能力低下。

5.橱窗游走法 到各种工作场所，走马观花浏览一番，再选择最顺眼的工作。这种人一般感情丰富，缺少逻辑分析能力。

6.假手他人法 传统社会讲求伦理和社群，听从师长的观念。在现代，许多人在思考自己的未来时，还是会把它交给别人决定。这样类型的人一般有严重的依赖心理。

7.最小努力法 选择最容易的专业或技术，但祈求最好的结果。如择偶时，男人希望能娶到富家千金，可以少奋斗十年，而女人则希望找到“长期饭票”。这是缺乏安全感，怀疑自身能力的表现。

以上七种方法，通常被称为知识导向（knowledge oriented）、配合导向（match oriented）和人群导向（people oriented）的规划方法，是最便捷的规划方法。这种规划法优点是省时省力，不用花费太多的心思，在短时间内的效率很好。但是这种方法单纯以自己兴趣为主轴，不太考虑社会适应问题，通常在不久之后就会陷入困境，疲惫不堪。若能改为采用“系统化规划法”，重新思考自己的方向，拟订切实可行的行动计划，则有机会化危机为转机。

系统化规划 *systematic plan*

系统化规划从心理学角度来看是一个立足于自身，从内而外的规划过程。它的任何步骤的实施都是基于对以下问题的解答：我是谁？我的兴趣是什么？哪些东西是我不可或缺的？我有哪些人格特质，使我别具一格，与众不同？我的优点是什么？不足在哪里？我有哪些技能是可以赖以谋生或高出别人一筹的？系统化的规划法弥补了便捷生涯规划法的缺陷，为了使焦点较为集中，仍以工作为主轴展开进行，将同样的构架延伸到情感经营或自我成长的层面上。

在开始阶段，你已经觉悟到成功规划的重要性，并且愿意花上一段时间来规划自己的人生。在长期追寻摸索中，你需要给自己一个承诺：为了自己的幸福，你会全力以赴，但若一时不如人愿，你也能善待自己，不放弃自己，让自己边调整边积累资源。

你除了要清楚地认识自己身处的政治、经济和文化因素外，还要了解职业的分类和内容；各类职业所需的技能；各类职业所需的人格特质；各类职业的报酬等。在了解自我、认识工作世界后，要整合各种因素，并评估其可行性，在修正方向后，订出一个具体可行的目标和方案。这些过程是一个生涯决定的过程。

在行动的过程中，要不断评估实行的效果。美国航天局(NASA)的科学家指出：宇宙飞船在奔向月球的过程中，97%的时间都偏离航道。因此，不断地据反馈信息修正航道，是很正常的事。即使找到了喜欢的工作，仍有可能被杂事缠身，失去方向。这时，需要不断地弄清事情的优先级，眼光放远，才能重回航道。

系统化规划法可以帮助你认识自己的特质及价值，帮助你认识工作世界的现况与趋势，帮助你找到可以实现自我的途径，帮助你了解工作只是人生的一部分，而非全部。

成功者说

最幸运的人，开始就能找到自己愿意终生全力以赴的生涯路，然而这是个小概率体系。新世纪的工作者，若想要获得成功，至少需要具备四种以上的专长。可见，不断修正生涯目标，培养多职能，成为一个终生学习者，是新世纪的现代人不得不走的一条路。

胸怀全局才能得胜

曾经有个驯兽师，他听说从未有人看见大象倒着走，大家都认为大象只会往前走，不可能倒退。于是这个驯兽师就决定要向这个“不可能”挑战，他要训练一只会倒退的大象。他不断辛勤地训练，经过多年的努力，终于成功了。

观众从四面八方涌来，因为宣传和广告都保证将令观众大开眼界。场子正中央站着那位驯兽师，正在口沫横飞地说明大象倒走的奇观。成千的观众面面相觑，一脸的迷惑，每个人的表情都仿佛在说：“那又怎么样？”

驯兽师完成了一件壮举，却忽略了这个壮举其实没有什么用处。

人都想功成名就，都想轰轰烈烈干一番惊天动地的大事业。可是这世界上能干事的人不少，成大业的却不多，究其原因是方方面面，主客观因素都有。比如要有良好的社会背景，有机遇，也要有智商、文化、修养等。很多人对事业总是抱着急功近利的心态，最后导致了失败。

要知道，车子是由各个部件构成的，没有各个部件，当然无法构成一部车子，但各个部件按一定关系组合成车后所能发挥的作用，不是哪个部件自身所能比的。整体功能大于局部之和的观点，在格式塔心理学中有详细的描述。

格式塔心理学 *gestalt*

格式塔心理学，又称完形心理学，是德国心理学家韦特默、苛勒和考夫卡 1912 年在法兰克福大学实验室创立的。格式塔心理学主张心理学应该研究“完形”，就是心理现象所展现的是外界事物之间的关系或事物的整体形象。

1918 年，苛勒做了一个小鸡视觉辨别实验。用两张纸分别盖住谷子，一张是较暗的深灰色，另一张是较亮的浅灰色。小鸡啄浅灰色纸下的谷子，就让它吃；啄深灰色纸，就不让它吃。做了 400～600 次，深浅纸常常换位。最后小鸡学会拣浅灰色纸啄。此后再把浅灰色纸换为更浅的纸，结果，小鸡不是啄原来那张浅灰色纸，而是啄新的更浅灰色的纸。苛勒认为小鸡不是对特殊刺激（最初的浅灰色纸）做出反应，而是对整个情景下物体之间的相对关系（一张纸比另一张纸颜色浅）做出反应。

只考虑局部不考虑整体，只考虑眼前而不考虑未来，这是许多人在做决定时容易犯的短视错误。结果必定是没得到快乐却得到痛苦。任何人若想成功，就必须忍受一时的痛苦，必须熬过眼前的恐怖和引诱，按照自己的价值观或标准把目光放在未来。

具体到关于个体思维的全局性和局部性，很多时候是一个人的风格或者习惯问题。一些人不喜欢太细致地观察事物，觉得这样做缺乏意义。但是拥有全局观点的人，能看到生活中的可能和机会，便执著追求。

尤其是面对困境时，只能应付眼前的状况，然而要想成功，就必须把眼光放远。成功和失败都不是一夜造成的，而是一步一步积累由量变到质变的结果。决定给自己制定更高的追求目标、决定掌握自我而不受控于环境、决定把眼光放远、决定采取何种行动、决定继续坚持下去，把这每一项决定都做好你便能成功，做得不好你便会失败。把你的目光放远大些，没有哪个人或企业是因为短视而成功的。

所以，要成就大业，就得分清轻重缓急，该舍就得忍痛割爱，该忍就得从长计议，从而实现宏愿，成就大事，创建大业。

成功者说

所谓“忍小谋大”，就是要站得高，看得远，不为眼前的小事小情缠住手脚，排除各种干扰，创造条件奔向大目标、大事业。长远目标与短期行为，大事业与小功利，国家、民族大计与个人的七情六欲等关系都要处理得当，这样才不至于“小不忍则乱大谋”了。

成功来自果断的行动

亚历山大大帝在进军亚细亚之前，决定破解一个著名的预言。这个预言说的是谁能够将神庙里的一串复杂的绳结打开,谁就能够成为亚细亚的帝王。在亚历山大大帝到来之前,这个绳结已经难倒了各个国家的智者和国王。由于这个绳结的神秘,导致能否打开这个绳结关系到了军队整体的士气。

亚历山大大帝仔细观察着这个绳结,果然是天衣无缝,找不着绳头。这时,他灵光一闪:“为什么不用自己的行动来打开这个绳结呢！”于是他拔剑一劈,绳结一分为二,这个百年未解的难题就这样轻易地解决了。

在成功心理学中,对成功心理的影响因素的分类有很多种。但不论哪种,都无一例外地包含有“行动”这个因素。观念的力量体现在动力之源上,它是成功的“发动机”。而行动的力量则主要体现在动力的成效方面,是“滚动的车轮”。诺贝尔文学奖得主海明威说:没有行动时,我感觉十分痛苦,简直痛不欲生。

每个人都可以有很多想法,而且每时每刻都可能有很多想法。但是,在人的一生中,能变成现实、转变为行动的想法却是微乎其微。一天之中,在我们想过的100件事中，有三四件能最终转变为现实就已经难能可贵了,有七八件能转入到探索行动中就更加伟大了。主动尝试是从想法走向成功的重要的一步。如果没有尝试,我们就不知道自己的想法是否正确,也不知道自己的观念是否能为自己、他人或社会带来收益。但只要经过尝试,成果就可能呈现。

当然,在尝试的过程中也可能暴露出问题,这时就要对行动的目标和方式做出校正,从而达到成功。这种“尝试——发现错误——校正错误——再尝试——再发现错误……”的过程在心理学中称为“试误”,是认知心理学的基础理论之一。

试误理论 *trial-and-error theory*

美国著名心理学家桑代克把一只猫放进“谜笼”里面，观察猫走出“谜笼”的过程，从而总结出“试误”理论。他认为，动物的学习过程是从本能活动开始的一种“尝试错误”的过程。这个过程也是情境刺激与反应之间的联结，其中不存在思维和推理的作用。

“联结”是桑代克心理学的核心概念。他根据实验的结果，认为动物的学习就是刺激和反应之间形成的联结，并把这种看法搬到人类的学习上。英国的联想心理学早已提出过联结的概念。桑代克在实验的基础上，根据机能主义的观点，以刺激与反应的联结，代替了观念的联合。

人类的行为虽然远比猫的行为复杂，但行为主义者认为，两者可用相同的原理解释。桑代克更认为，其差别仅在于“人类大脑里‘细胞的数量、精度和复杂性’构成了它所产生的联感的‘数量、精度和复杂性’”。桑代克甚至认为，人类跟动物一样是通过“试误法”进行认知的，成功只是偶然而已，所以人类文化发展是缓慢的。

人走向成功的路径与实验猫走出谜笼的路径没有太大的差别。但是，猫的每一次决策都是本能的反应，是迅速而直接的。可是人的决策是复杂的心理过程，会受犹豫心理所干扰，不能果断做出决策。

果断性是人在深思熟虑的基础上，适时而坚决地决定和采取决策的意志品质。果断性在日常生活中有重要意义。具有果断性的人思考周密，对问题情境能准确分析与判断，然后当机立断做出决定。

大多数决策会有一些不确定因素，因而存在风险，往往使人犹豫不决。结果，“时过境迁”，坐失良机。所以，果断、勇往直前是成功者应有的良好品格。

对于发挥潜力而言，一个人所能遭遇到的最大障碍就是拖延。一旦跨越了这个障碍，便可以持续行动，每天完成一些事项。了解自己的动向只不过是个开端，为了达到目标并过着梦想的生活，就必须马上行动！只要行动，就可能达到目标。如果你只是犹豫，你将终生无法成就大事。

耽搁会阻碍一个人成功的进度，所以必须持续行动，才能掌控自己的人生达到期待的目的。有太多人为进度迟滞编造借口，但生活的赢家并没有时间苦思沮丧，因为他们总是忙于行动，完成任务。

当想要拖延时，就开始做些别的事，做任何事都可以，以此来克服拖延。这是让自己继续向前迈进的动力来源。只要持续动作，便有可能完成许多事情。在物理学中的牛顿第一定律，说物体存在着惯性，这个定律也同样适用于人类心理，只要自己行动，便会发现持续行动十分容易。

成功者说

不完美的开始胜过完美的犹豫。许多事情你不行动，可能它就永远不会时机成熟或者具备条件。勇敢的人，没有条件他也能够创造条件，他的行动永远是最好的时机和条件。因为行动就是在创造条件和机会。

坚持到底就是胜利

战争期间，一位身体虚弱的母亲独自带着三岁的孩子逃难。后来她实在支持不下去了，就找到了难民潮中的一位神父，哀求神父帮助她。神父略通医道，他发现这位母亲体力尚可，便断然拒绝了她的托孤哀求。

虚弱的母亲心中不由得十分愤怒，转身抱着自己的孩子，回到难民队伍中，最终走到安全的难民营。这时，神父来探望这位身体已经恢复健康的母亲。神父看到她，欣慰地说："还好，我当初没有接受你的托孤任务，今天我才能看到你们母子俩都平安……"

坚持的决心是最重要的积极心态。充满智慧的神父，在危急的时刻，让这位可怜的母亲激发出潜能，让她自己解决自己的问题。生命的能量往往在你下定决心的时候被激发出来。如果你决心去干某件事，就会激发出自身的潜能去做，直到成功。

毅力,是人的“心理忍耐力”,是完成学习、工作、事业的“持久力”。坚强的毅力不是天生的,而是培养出来的,我们要在完成艰巨任务的过程中培养毅力。越是面临困难,越要敢于迎难而上,任务完成了,毅力也培养了。如果等有了毅力才去完成任务,就永远不会有毅力,永远完成不了艰巨的任务。

还有很多人,有美好的理想和为之奋斗的热忱,但缺乏毅力。开始是天天撒网捕鱼,不久便是三天打鱼两天晒网,最后索性将网抛进垃圾箱里,而海底的珍奇是只可梦想而不可得了。

果汁软糖实验 *marshmallow experiment*

斯坦福大学心理学教授迈克尔·米舍尔将一群四岁左右的孩子单独留在一个房间里,先给每个孩子发一块软糖,然后告诉他们:“我有事出去一会儿,你们可以马上吃掉软糖,但谁能坚持到我回来再吃,那么他就可以得到两块软糖。”结果有的孩子迫不及待地把糖吃了;有的孩子虽然犹豫了一会儿,但还是忍不住吃了;还有的孩子通过唱歌、做游戏甚至假装睡觉坚持到最后。20分钟后,坚持到最后的孩子又得到了一块软糖。

这次实验后,米舍尔进行了长达14年的追踪。到中学时,这些孩子表现出了明显的差异:那些坚持到最后的孩子具有较强的适应能力和进取精神,他们自信、合群、独立;没有坚持到最后的孩子则比较固执、孤僻,往往会屈从于压力而逃避挑战。

“果汁软糖实验”证明,坚持的能力对一个人的成功有重要作用。这项研究表明,一个人成功可能与情绪调控能力有密切的关系。坚定即顽强,是为实现既定目的而持续努力拼搏的意志品质。有坚定品质的人能长时期坚信自己决定的合理性,坚持自己的行为方向,并能锲而不舍、百折不挠地克服种种困难,直至实现自己预定的目标。

人由于知识经验有限、思想方法的缺陷及条件、环境的限制,经常会碰到困难。困难容易使人丧失兴趣,滋生畏难情绪,使行为方向失去控制。因此,为了坚持自己的行为方向,就要有顽强的毅力,制止与预期目标相矛盾的行为，并克服种种困难与干扰，才能实现预定目标。尤其在富有创新的事业中，开拓者更须具有坚忍的性格，因为在无人涉足的新领域探索会碰到无法预知的困难，唯有不怕困难、敢于奋力拼搏才能开辟出新路，到达光辉的顶点。

坚定与自信相联系，自信的人才能对自己的工作目标抱有必胜的信念，从而激发起顽强的斗志，在实践中才能不屈不挠。所以，要使自己具有坚定的意志品质，首先要使自己自信。同时，可利用学习工作等紧张艰苦的智力活动来培养自己坚定、顽强的品质。

坚定性也与一个人对预定目标的明确性、牢记目标的持久性和实现目标的迫切性相关联。目标明确对行动有指引作用，而牢记目标则使人产生实现目标的渴望，这种渴望既是顽强毅力的源泉，又是促进行为的动因。目标在心中的地位越牢固，实现目标的愿望就越迫切，所引起的行为就越坚定。即使在有严重干扰的条件下，只要牢记目标，就能坚定行为方向。可是，要使自己具有坚定的意志品质，最好不断地为自己确立一个又一个明确的目标，这种目标可以是长期的也可以是短期的，并将目标时刻铭记在心中。这样，就会焕发出追求目标的激情，朝着预定的目标持续努力的行动就会坚定而有力。

成功者说

毅力是积极的意志品质，是人们理智的选择，能及时地总结经验和教训，从错误和失败中去寻找到理性行动，就能将失败变为胜利，能使小胜利变为大成功。

将压力转化为动力

有两名船长指挥着各自的帆船横渡海峡。此时海峡上空乌云密布，眼看暴风雨就要来了。船长A考虑了一会儿，命令水手往船上装石头。船长B从望远镜里看见A的举动，嘲笑对方的愚蠢。B认为让船减轻重量才能快速通过暴风雨，所以他命令把船上一切没用的物品都扔掉。

没想到，B的帆船在海峡中间被狂风吹翻了，而A的帆船因为载重很大，安全渡过了海峡。

现实生活中的人，都会感受到压力，并不是真的有千钧重担压在你的肩上，而是一种无形的、能使你精神和心理感受到的压力。无法承受这一压力的人，严重的会精神崩溃，普通的也会意志消沉。

压力是对精神和肉体承受力的一种要求。如果承受力能满足这种要求并欣赏其中的刺激，那么压力就是受欢迎、有益无害的。反之，压力就会使人衰弱，就会成为不受欢迎、有害无益的。

压力是生活的一部分，是自然的、不可避免的。在不发达的社会中，压力首先是与寻找食物、寻求安全以及寻找配偶、繁衍后代等生存需要联系在一起的。在发达社会里，压力与基本的生存手段关系甚微，而与社会的成功、与对极大提高的生活水平的评判、与满足自己或他人的愿望紧密相关。

要弄清楚压力，必须从两个方面入手。一是外界的要求（它们是些什么，如何根据需要增加或减少它们）；二是自身的承受力（对压力的反应，据反应进行必要的调整）。我们从一开始就必须明白，各种要求都会随形势变化而改变，承受力也是因人而异的。即使是同一个人，也会因时间地点的改变而改变。

压力动机论 *pressure motivation theory*

美国心理学家默里认为，动机是需要（人的特征）和压力（环境特征）共同作用的结果。需要是倾向性的因素，压力是促进性的因素。默里把需要和机体的紧张状态联系在一起，把需要的满足与紧张的降低联系在一起。他认为需要是决定人行为的内因，压力则是环境决定人的行为的因素。

一般来说，当人的需要被唤起时，人便处于紧张状态，需要满足之后，紧张就会减弱，最后人学会通过一定的活动来减弱紧张。但是，如果只注意紧张降低的终极状态，会使人只看到人类动机过程的一幅不完整的画面。人们期望的并不是毫无紧张的状态，降低紧张的过程才是令人满足的。人不仅学会了以一定的方式减弱紧张，也学会了以一定的方式形成紧张，以便以后通过行动去减弱紧张，从而得到快乐。例如人为地创设比赛，创造紧张，再通过比赛来减弱紧张，从而得到满足。默里把主体和环境压力之间的关系称为“主题”，并和同事摩根共同设计了“主题统觉测验”，为研究人类需要提供了有效的手段。

在现实生活中，压力并非全是坏事，以至于如果缺了它，人类自己还要创造出压力。最简单的例子莫过于我们宁愿承担心理压力也要把事情拖到最后一分钟去做。不只是对那些令人不快的、不想去做的事情是如此，即使对那些我们愿意去做，有必要去做，做完后感到充实、感到有价值的事也同样如此。许多人似乎在经历这种压力时工作才能完成得更出色，就像伟大的法国文学家巴尔扎克只有在债台高筑时才写作一样。

心理学家认为，人的心理是有弹性的，就像弹簧一样，你越是挤压它，它的弹力就越大。同样，在心理压力下，生存需求和社会动机会将人的潜力激发出来。在一定程度范围内，压力越大，激发的潜力就越大。

有压力的人生，才会是成功的人生。不过，多大的压力才算是正常的却不好界定，因为每一个人所能承受的压力不相同。假如压力低于承受力，我们会觉得索然无味，缺乏刺激。这同样会产生心理和生理问题，正如压力能带来的损害一样。假如压力超出承受力，就会感到紧张过度，最终被压垮。一旦出现过度紧张状况，可以想法降低要求，直到把压力降到力所能及的范围内，或者还可以想办法增强承受力，直到它能满足要求。也可以既降低要求，又增强承受力，直到二者达到一个和谐的可以接受的程度。

心理学家描述了受到压力时人的生理反应过程:身体被警告(警觉反应),无意识活动被激发(反抗阶段),如果反应持续太久,就会造成危害,使人垮掉(精疲力竭阶段)。这三种状态实际上是生物模式,描述了人对压力的生理反应过程。人生过程中的心理压力无处不在,适度的心理压力能使个体的潜能激发。但是,过度的心理压力则有可能带来心理崩溃的严重后果。战胜压力能够让人生在有挑战的过程中逐渐完美。

成功絮说

事实上,不幸在数量上相对来讲并不多,问题是我们难以摆脱它,只是任凭它占据我们的思想和情感,面对压力,我们已经到了失掉机会享受更美好时光的程度了。但是,美好时光可以使人振奋,使人轻松,使人在遭遇下一个压力时有能力投入战斗。

成功不需要十全十美

有个小男孩犯了一个错,母亲不断地指责,因为她要为儿子培养完美的品格。这时小男孩拿出一张白纸,并且在白纸上画了一个黑点,问:"妈妈,你在这张纸上看到什么?"

"我看到这张纸脏了,它有一个黑点。"母亲说。

"可是它大部分还是白的啊!妈妈,你真是个不完美的人,因为你只会注意不完美的部分。"孩子天真地说。从此,这位妈妈很少指责儿子。

完美主义是一种特殊的心理障碍,它的特殊性在于这是唯一的"积极"心理障碍。但是任何超出必要限度的"积极"都会妨碍人思考能力。同时,"积极"的心理障碍比"消极"的心理障碍更难于清除,因为除了天真的孩子,很少有人能够发现它的实际危害。

不能容忍美丽的事物有所缺憾,是人普遍的心态。对许多人来说,追求尽善尽美是理所当然的。他们从未想过,正是这种似乎无关紧要的态度,给他们的生活带来了巨大的压力。

有些渴望完美的人是出于自我保护的需要。根据格式塔心理学的理论,安全感是人的最基本需要。假如一个人缺乏自信,生活上屡遭挫折,那么他的安全感就受到了伤害。这种伤害需要通过其他途径来加以补偿。无需仔细观察就可以发现,生活中每做一件事就想把它做得完美的人,并不是一个强者。恰恰相反,这些追求完美者企望毫无瑕疵的结局,只是想把自己保护起来,免受他人的指责和讥讽。

心理学研究证明,试图达到完美境界的人与他们可能获得成功的机会,恰恰成反比。追求完美给人带来莫大的焦虑、沮丧和压抑。事情刚开始,他们就担心着失败,生怕干得不够漂亮而辗转不安,这就妨碍了他们全力以赴去取得成功。而一旦遭到失败,他们就异常灰心,想尽快从失败的境遇中逃出来。他们没有从失败中获取任何教训,而只是想方设法让自己避免尴尬的场面。

完美主义 *perfectionism*

完美主义是一种人格特质,心理学家巴斯克认为具有完美主义性格的人通常有下列特性:注意细节,要求规矩,缺乏弹性,标准很高,注重外表,不允许犯错,自信心弱,追求秩序与整洁,自我怀疑,无法信任他人。

哥伦比亚大学的心理学家赫维特曾经把完美主义性格分为三种类型:要求自我型的完美主义者给自己设下高标准,而且追求完美的动力完全是出于自己;要求他人型的完美主义者为别人设下高标准,不允许别人犯错误;被人要求型的完美主义者追求完美的动力是为了满足其他人的期望,总是感觉自己被期待着,时刻都要保持完美。

完美主义者的潜意识里有许多非理性的想法,如"我一定要完美,否则就会让……很失望""这次的问题都是我的错,我应该提前预料到……"

完美主义者以完美作为为人处世的衡量标准和唯一关注点,总给自己和他人设定过高的标准,当人、事、物令他不满意时,他就会产生不良情绪,甚至厌恶和斥责。过分追求完美的人，内心深处还往往有不安全感和自卑感，害怕被别人拒绝或否定。为了完美，他们不惜多花时间、气力去做事情，结果降低了自己的工作效率。

很显然，背负着如此沉重的精神包袱，不用说在事业上谋求成功，就是在自尊心、家庭问题、人际关系等方面，也不能取得满意的效果。他们抱着不正确和不合逻辑的态度对待生活和工作，永远无法让自己感到满足，每天都焦灼不安。

追求完美，害怕失败，只能使人处于瘫痪的境地。如何从追求尽善尽美的诱惑中摆脱出来？心理专家建议，有完美主义倾向的人，首先要对自己的潜能有正确的估计，既不要估得太高，更不必过于自卑。有一分热发一分光。你如果事事要求完美，这种心理就成为你做事的障碍。不要在自己的短处上去与人竞争，而是要从自己长处上培养起自尊、自豪和工作兴趣。

其次要重新认识"瑕疵"和"失败"。没有"瑕疵"的事物是不存在的，盲目地追求一个虚幻的境界只能是劳而无功。有人问一位走红的国际女影星是否觉得自己长得完美，她说："不，我长得不完美。我觉得正因为长相上的某些缺陷才让观众更能接受我。"能认识到自己有不足并能宽容待之的人，可以说是自信的，心态也是健康的。苛求完美无异于追求痛苦，平庸的人是世界的主体，人因为接纳生活的平庸，于是感激奇迹，因为感激奇迹而热爱生活。用另一种眼光看待世界时，人们会发现生活很美好。

失败并不能说明个人价值小。如果从不经历失败，我们能真正认识生活的真谛吗？我们也许一无所知，沾沾自喜于愚蠢的无知中。成功只能坚定期望的信念，而失败则给了我们更多的锻炼。

请你为自己确定一个短期的目标，寻找一件自己完全有能力做好的事，然后去把它做好。这样你的心情就会轻松自然，办事也会有信心，感到自己更有创造力。

成功者说

实际上，不刻意追求出类拔萃，而只是希望表现良好时，会出乎意料地取得最佳的成绩。目标切合实际的好处不仅于此，它还提供了一个新的起点，能使人循序渐进地摘取事业上的桂冠。

自助者天必助之

有个人遇到了难题，无法解决，就到庙里去拜观世音菩萨，希望救苦救难的观世音菩萨帮助他度过难关。他到庙里一看，还有另外一个人也在拜观世音，他越看越觉得那个人的面目好像莲花宝座上的观世音菩萨，就问那个人：你是谁？

那人说：我是观世音菩萨。

他又问：你来这里干什么？

观世音菩萨说：我遇到了难题，化解不开。

他不解地问：那你拜自己有什么用呢？

观世音菩萨说：求人不如求己啊！

那人恍然大悟，掉头而去。

成大事者的身上具有许多种优良品质——勇敢、忠诚、创新、进取，独立也是这些品格中不可或缺的。如果一个依赖于他人的人也会获得成功的话，恐怕20世纪的历史上就不会有很多民族为独立而战了。没有独立做前提，成功只是个假设。

独立性格是成功者的必备条件。历史如此证明，现实生活也是这样。独立品格的养成，对一个人的事业、未来、人生都有莫大的好处，所以一个人若想成就事业，这是不可缺少的条件。

从不同的角度来看，过于依赖别人，是很危险的。依靠别人来解决你的问题当然容易多了，无论发生何事，有个人可以商量总觉得内心安定些。如果再进一步，别人愿意负完全责任，自己更是完全松懈下来，于是这种人便容易成为一个无法独立的弱者。

你不妨扪心自问，自己在儿童时是不是完全依赖你的父母？在学校时做功课是不是总是老师或同学帮忙？在办公时是否总是让别人来做？是否平时总没有机会使自己独立行动？如果是这样，那你一定就是太依赖别人了，应当趁早摆脱这种依赖性，发展独立的能力。

美国有一句谚语说："通往失败的路上，处处是错失了的机会。坐待幸运从前门进来的人，往往忽略了幸运也会从后窗进来。"成功不会落在守株待兔者的头上，只有敢于冲锋，主动进攻的人，才能抓住胜利的时机。

依赖性 *dependence*

"依赖需要"是一种儿童期的心理需求。因为儿童十分弱小，需依赖成人才能生存下去。但是如果"依赖需要"在成年期仍非常明显，就是一种心理幼稚或者退行的表现。

依赖者会形成一些特有的症状，他们缺乏社会安全感，跟别人保持距离。他们需要别人提供意见，或依赖媒体的报道，经常受外界指使，自己好像没有判断能力。他们潜藏着脆弱，没有发展出机智应变的能力。

依赖使人失去独立自主性。依赖性强的人不能独立思考，缺乏创业的勇气，决断性差，会陷入犹疑不决的困境，他一直需要别人的鼓励和支持，借助别人的扶助和判断。依赖者还会表现出剥削的性格倾向——好吃懒做，坐享其成。

依赖是摧毁自信的最直接的原因。自信就是相信自己。自信心强的人遇到问题都是先求己，不求人。同样，若是遇到问题不忙于求人，自己先设法解决问题，久而久之，就可以增强自信。所以，最重要的是，每个人都要明白"求人不如求己"。

如果你要做一个成功的人，那你应该是个独立的人，学会对自己负责。

当你陷入困境遭遇孤独的时候，如果仅仅去抱怨社会冷漠，别人自私，这只说明你对外界的依赖性太强，你太脆弱。我们生活在芸芸众生之中，当我们遭遇逆境的时候，首先应该学会依靠自己。

这不是教你单打独斗，更不是教你万事不求人，而是想告诉你：在这个世界上每个人都在忙自己的事，都有自己的麻烦。别人没理由更没有义务非要帮你不可。

当你陷入困境的时候，你只有具备充足的能力，对自己负责，才有可能得到更多人的帮助和关心。也只有到了那个时候，你才能更多地体会到社会上善的一面、美好的一面，而不是仅仅看到它的冷漠和自私。

成功者说

"天助"自助者。在社会生活中，每个人都是独立者。青年人在学业上更应该有独立的能力，才会使你不断进步与壮大，从而更快成长。

在工作中寻找乐趣

玛丽亚小姐在一家石油公司做打字员，她的打字效率在公司中首屈一指。因此，在每个月当中的某几天，她被公司委以更多重任，必须做一件枯燥无味的但是对于公司十分重要的工作，就是在一张张空白的石油代销表内填入阿拉伯数字及计算结果。由于这项工作单调，按照一般的方式做既容易疲劳，又容易出错。她下定决心要使它变成让自己感兴趣的工作。那么她是怎么做的呢？

玛丽亚小姐决定要求自己每天和自己比赛一次，到每天上午即将结束的时候，她就计算一下上午所完成的表格数量，要求自己要在下午完成比上午还要多的表格。同样，在一天工作结束的时候，计算一下当天完成的数量，作为明天要超越的工作目标。经过一段时间的锻炼，她成为她那一组中工作速度最快并且完成表格数量最多的一位打字员。

许多人认为，所谓工作，就是为了赚取薪水而不得不做的事情。另一部分人对工作则抱着大不相同的见解，他们认为，工作是伸展自己才能的载体，是锻炼自己的武器，是实现自我价值的工具。

所谓幸运的人，是那些对工作有兴趣的人。工作正是他们的兴趣所在，因此不至于因为工作而产生疲劳，所以他们会在工作中表现得比一般人有更多的精力与快乐，而没有什么会使他们感到忧虑与疲劳，因此也非常容易获得事业上的成功。

我们无法保证每天都干自己喜欢的工作，就算你有跳槽的本领，也不可能找到完全符合你兴趣的工作。而且，每一篇“求职者须知”都告诉你要适应工作，而不是让工作来适应你。因此，我们在面对自己不喜欢的工作时，也要保持一定的热情，让自己把工作与兴趣结合起来。

无数成功人士的经历告诉人们：要么从事自己有兴趣的工作，要么培养自己对工作的兴趣，兴趣是快乐工作的前提。伟大的哲学家罗素就曾经说：我的人生正是使事业成为喜悦，使喜悦成为事业。

情绪调控作用 *emotional regulation*

心理学研究表明，情绪的好坏对于人们产生疲劳的影响，远比由于体力透支所造成的影响来得大。当一个人的心灵被消极的情绪（如恐惧、激愤、悲痛等）笼罩时，就会严重地干扰行为。

消极的情绪之所以会干扰行为，就生理机制而言，是因为消极的情绪会使大脑皮质处于抑制状态，而大脑皮质是主管人的理智活动的中枢，一旦进入抑制状态，就使它失去对理智活动的支配，导致思维功能障碍，进而使行为失去调控。

其实，不仅即时的情绪对行为有影响，旧有的情绪记忆同样会对现实行为产生影响。情绪记忆的唤起能使人重新感受到强烈的体验。当回忆某一事件而唤起积极的情绪时，人会处于愉快、激动之中；当回忆某一事件而唤起消极情绪时，人会重新陷入痛苦、恐惧之中。情绪记忆常成为人进行某种行为的动力或阻力。

大多数的人未必一开始就能获得非常有意义的工作，或非常适合自己的工作。倒是有相当一部分的人，刚开始都被派做一些非常单调呆板和自认为毫无意义的工作，于是认为自己的工作枯燥无味或说公司一点都不能发现自己的才能，因而马虎行事，以至于无法从该工作中学到任何东西。对待工作正确的态度应是：耐心去做这些单调的工作，培养出克己的心志。如果最初无法培养克己的心志，渐渐地便难以忍受呆板单调的工作，而一个又一个地调换工作，并慢慢地被调到条件差的工作岗位，而逐渐成为无用的人。

所以，即使是单调无趣的工作，也应该学习各种富有创意的方法，使工作变得有趣且富有意义。

前面提到的玛丽亚小姐的做法是用“自我竞赛”的方法来给枯燥的工作加入一些调料，从而使枯燥的味道变淡，进而产生兴趣。如果愿意，人人都可以做到这一点。那么优秀的成绩使她得到了些什么呢？玛丽亚小姐所得到的是使她从此不再因为枯燥而单调的工作感到疲劳，使她对自己的工作感到有乐趣，进而不再会感觉工作的乏味与精神疲劳，使她能够有更多的精力、情趣与快乐去参加工作之外的交往，从事其他感兴趣的活动。

每个人将近有一半以上的时间要花费在工作之上。因此一个人如果在工作中找不到快乐，那么，在他的生命中就很难找到更多的快乐。所以，对工作保持永不衰竭的兴趣是生活快乐的主要秘诀。

成功者说

不妨在年轻的时候去体验各种工作，特别是从事自己不擅长的工作，从而开拓自己的能力。这是因为无论是在财务方面所知有限，不善处理人际关系，还是缺乏经营观念或是技术不精等，对一个奋斗者而言，都将是导致难以大展宏图的困境。

第二章 成功要靠自身的实力

有人把成功归因于机遇的垂青，但实际上一个人能否成功的决定因素在于他是否具备完备的能力。能力的获得要靠实践的磨炼和经验的积累。一个人生活经历越曲折,阅历越丰富，能力就越强。能力来源于生活,来源于我们所经历的一点一滴。

斯坦门茨是著名的德国技术专家。一次美国福特公司的一台电机坏了,几经努力都没修好。于是他们请来了斯坦门茨。他检查之后,在电机外壳上画了一条线,说:“打开电机,把记号处里面的线圈减少16圈,毛病就好了。”人们将信将疑地照办了,果然成功。电机修好后,斯坦门茨向老板收取1万美元的报酬。老板说:“用粉笔画一道线就要1万美元,这也太贵了!”斯坦门茨说:“用粉笔画一道线并不贵,只要1美元,但知道在哪里画线需要9999美元。”

有人说“成功者”是上天的宠儿,成功归因于机遇的垂青,但实际上一个人能否成功的决定因素在于他是否具备完备的能力。能力是复杂的组合,知识固然重要,但更重要的是运用知识的能力,所以古今中外都强调能力的培养,认为能力是成功的关键。一个人能力的获得要靠实践的磨炼和经验的积累。一个人生活经历越曲折,阅历越丰富,能力就越强。

畅通无阻的思维能力

20世纪60年代中期，在福特一个分公司任副总经理的艾科卡正在寻求方法，改善公司业绩。他认定，达到该目的的灵丹妙药在于推出一款设计大胆、能引起大众广泛兴趣的新型小汽车。在确定了最终决定成败的人就是顾客之后，他开始绘制蓝图。

他想，顾客买车前都要试车。要让潜在顾客试车，就必须把车放进汽车交易商的展室中。吸引交易商的办法是对新车进行大规模、富有吸引力的商业推广，使交易商对新车型热情高涨。为此，他必须在营销活动开始前做好小汽车，送进交易商的展室。为达到这一目的，他需要得到公司市场营销和生产部门百分之百的支持。同时，他也意识到生产汽车模型所需的人力、设备及原材料都得由公司的高级行政人员来决定。艾科卡一个不漏地确定了为达到目标必须征求同意的人员名单后，就将整个过程倒过来，从头向前推进。

几个月后，艾科卡的新型车“野马”从流水线上生产出来了，在60年代风行一时。它的成功使艾科卡在福特公司一跃成为整个小汽车和卡车集团的副总裁。

逆向思维是重要的思维方式。逆向思维也叫求异思维，它是把司空见惯的似乎已成定论的思维方向反过来思考的一种思维方式。人们习惯于沿着事物发展的正方向去思考问题并寻求解决办法。其实，对某些问题，尤其是一些特殊问题，从结论往回推，倒过来思考，从求解回到已知条件，反过去想或许会使问题简单化，使解决它变得轻而易举，甚至因此而有所发现，创造出奇迹来，这就是逆向思维的魅力。例如“司马光砸缸”。有人落水，常规的思维模式是“救人离水”，而司马光面对紧急险情，运用了逆向思维，果断地用石头把缸砸破，“让水离人”，救了小伙伴性命。

与常规思维不同，逆向思维是反过来思考问题，是用绝大多数人没有想到的思维方式去思考问题。运用逆向思维去思考和处理问题，实际上就是以“出奇”达到“制胜”。因此，逆向思维的结果常常会令人大吃一惊，喜出望外。

逆向思维具有普遍性、批判性和新颖性的特点。

逆向性思维在各种领域、各种活动中都有适用性，由于对立统一规律是普遍适用的，而对立统一的形式又是多种多样的，有一种对立统一的形式，相应地就有一种逆向思维的角度，所以，逆向思维也有无限多种形式。如性质上对立两极的转换，软与硬、高与低等；结构、位置上的互换、颠倒，上与下、左与右等；过程上的逆转，气态变液态和液态变气态、电转为磁和磁转为电等。不论那种方式，只要从一个方面想到与之对立的另一方面，都是逆向思维。

逆向是与正向比较而言的，正向是指常规的、常识的、公认的或习惯的想法与做法。逆向思维则相反，是对传统、惯例、常识的反叛，是对常规的挑战。它能够克服思维定式，破除由经验和习惯造成的僵化的认识模式。

循规蹈矩的思维和按传统方式解决问题虽然简单，但容易使思路僵化、刻板，摆脱不掉习惯的束缚，得到的往往是一些司空见惯的答案。其实，任何事物都具有多方面属性。由于受过去经验的影响，人们容易看到熟悉的一面，而对另一面却视而不见。逆向思维能克服这一障碍，往往是出人意料，给人以耳目一新的感觉。

逆向思维方式一般分为四类：结构逆向思维、功能逆向思维、状态逆向思维和因果逆向思维。

结构逆向思维是指从已有事物的逆向结构形式中去设想，以寻求解决问题新途径的思维方法。一般可以从事物的结构位置、结构材料以及结构类型进行逆向思维。

功能逆向思维是指从原有事物相反功能方面去寻求解决问题的新途径的思维方法。谈到功能逆向思维，人们常常会联想到一句话：失败是成功之母。3M公司的一个职员无意中发现，原来废弃的纸张经过一定的处理可以成为粘贴纸，从而为公司创造了巨额的利润。

状态逆向思维是指人们从事物某一状态的逆向方面来认识事物，引发创造发明的思维方法。过去木匠用锯和刨来加工木头，都是木头不动工具动(实际上是人动)。这样做,人的体力消耗较大。为了改变这一状况,人们从工具不动、木头动的角度出发,设计发明了电锯,从而大大提高了效率和工艺水平,减轻了劳动强度。

因果逆向思维是指从已有的事物的因果关系中,变因为果去发现新的现象和规律,寻找解决问题新途径的思维方法。在电的发明史上,从奥斯特的电能生磁到法拉第的磁能生电,它们之间就有着因果逆向思维的联系。其他如爱迪生发现送话器听筒音膜有规律的振动到他发明留声机,近代的无线电广播的播放与接收,录像机的发明与摄像机的发明,这些都属于因果逆向思维的成果。可见,因果逆向思维是进行发明的有效方法。

在日常生活中积极主动地运用逆向思维,则能够拓宽和启发思路。当你陷入思维的死角不能自拔时,不妨尝试一下逆向思维方法,打破原有的思维定式,说不定就会眼前一亮,豁然开朗呢。

在生活中留意身边的事,如果是纠纷就把自己当做甲乙双方或第三方,以各种不同的身份思考问题,做事也要多考虑考虑,多想几种方法。逆向思维并不是非得相反的想法,而是各种想法中比较好又出人意料的办法,锻炼自己多思考,一定会令别人刮目相看的。

成功者说

逆向思维最宝贵的价值,是它对人们认识的挑战,是对事物认识的不断深化,并由此而产生"原子弹爆炸"般的威力。我们应当自觉地运用逆向思维方法,创造更多的奇迹。

坚定信念能加强自我控制能力

美国石油大亨保罗·盖蒂曾经是个烟鬼，烟抽得很凶。有一次，他度假，开车经过法国时，天降滂沱大雨，开了几个小时车后，他在一个小城的旅馆过夜。吃过晚饭，疲惫的他很快就进入了梦乡。

清晨两点钟，盖蒂醒来。他的烟瘾又犯了，很想抽一根烟。打开灯，他自然地伸手抓睡前放在桌上的烟盒，不料里头是空的。这时候，他唯一可能得到香烟的办法是到几条街外的火车站去买。盖蒂脱下睡衣，穿好了出门的衣服，在伸手去拿雨衣的时候，他突然停住了。他问自己：我这是在干什么？

盖蒂站在那儿寻思，一个相当成功的商人，一个自以为有足够理智对别人下命令的人，竟要在三更半夜离开旅馆，冒着大雨走过几条街，仅仅是为了得到一支烟。这是一个什么样的习惯？这个习惯的力量是多么强大啊！没过多会儿，盖蒂下定决心，把那个空烟盒揉成一团扔进了纸篓，脱下衣服换上睡衣回到床上，他带着一种解脱甚至是胜利的感觉，几分钟就进入了梦乡。

从此以后，保罗·盖蒂再也没有抽过烟。后来，他的事业也越做越大，成为世界顶尖的富豪。

自制力是调控自身行为方向的意志品质。具有自制力的人，能不为他人所诱，自主地决定行为方向，并能克服主客观方面的种种干扰。自制力强的人首先能克制自己的情感、情绪冲动，不让消极行为产生，表现出应有的坚忍。

面对相同的事件，有的人情感、情绪十分激烈，有的人则比较平稳，这就与个人的自制力有关。由于情感、情绪在很大程度上是行为的动力，因而自制力最终体现为对情感、情绪的控制能力。具有良好自制力的人，无论受到外界的多大刺激，始终能把握着理智的方向盘，并遵循理智的要求，实现对情感、情绪和行为的制约。缺乏自制力的人即使受到外界事物的微弱刺激，也可能因情感、情绪起伏而失去应有的理智，产生出一系列消极行为。

由情感、情绪引起的消极行为，受其影响的不仅仅是行为者本人，还会以不同方式、不同程度作用于他人、集体乃至社会。尽管消极的激情具有突发性，但激情的发生与否取决于自制力的约束程度。在不良的欲望冲动之初，人的主观意识仍旧处在清醒状态。此时只要具有足够的自制力，完全能克制与理智相矛盾的情感、行为的发展，驾驭情感，使行为与预定目标相一致，强迫自己执行应该进行的活动。任何有害的情绪都是可以驾驭的。只有自制力弱的人才会成为情绪的俘虏。自我约束是人类与动物的根本区别。不能自我控制人，就不会成为成功的人。

大部分传统的习惯培养方法都是对人进行外在控制，整个过程都有监督者在观察、记录和实施。而依赖外在控制有不少缺点，因为习惯是心理惰性的体现，所以有的人会在别人面前有一套行为，而独处时是另一套行为。何况有些行为是监督者不易监控的。进行自我控制则能有效避免这些缺点。

自我控制就是要求我们在习惯养成的过程中，自己控制自己的情绪和行为，自己承担可能出现的后果。自我控制并不是简单的事情，需要我们在其过程中克服相当多的困难，其中最难的就是战胜自己的惰性，半途而废的事例还是很多的。

很多人还有一个模糊的认识，认为自我控制仅与人的意志力有关。然而行为心理学认为，人的行为是受客观环境影响的，不单是个人的意志。一个人有某种坏习惯，主要不是因为他缺乏毅力，而是因为这个习惯总是能得到外在环境的刺激和强化。所以仅仅有决心和意志还不够，还要加强训练，主动学习自我控制程序。

自我控制的一个重要要求和原则就是避免“即时后果短路”。自我控制难就难在需要个体对自己实行奖励和惩罚，良好的行为还没有出现，自己可能就对自己奖励了；当不良行为已经出现了，自我惩罚可能还没有跟上。这种现象叫做“即时后果短路”。

比如即时后果是微小的强化物，而延迟后果是强烈的惩罚物，但是即时的、微小的后果强化物比起延迟的强烈的惩罚物来说，仍然具有更大的制约作用。人们都知道吸烟会对身体造成严重损害，但是因为后果惩罚物是延迟到来的，所以总是戒不掉。有的人生病了怕打针，如果病势发展，就必须要动手术才行，但他们就是不打针。“小不忍则乱大谋”的道理就是要避免这种现象。

要通过自我控制改变习惯，首先确定一个明确具体、难度适宜的目标，将它写下来。自我鼓励是为自己坚持提供力量，但是自我控制并不是要单枪匹马地管理自己，可以把自己的目标向别人公开，给自己增加心理压力和适度焦虑，督促自己加强自我管理。

成功者说

要培养、增强自制力，首先要坚定地把握人生志向。志向能促使人做符合目标的事情，鞭策自己坚定地向目标锐进，把自己的行为控制在为实现志向所允许的范围内，抑制与志向目标相对立行为的发生。

突破单一智力

很多教育心理学家在研究中发现了“第十名现象”,即学习最好的学生不一定是工作中最出色的人,而学习成绩排在第10名左右的学生可能会在以后的工作中表现出色。这说明学习成绩并不百分之百地决定一个人的成功。学习能力只是一种能力,而成功依赖于多种能力的综合作用。

心理学一般认为,能力是帮助人们成功完成各种活动所必需的身心条件。目前,人类所具有的各种能力,并不是从人类出现在这个地球上时就全部具备了,而是在人类社会的漫长发展过程中逐渐形成、发展起来的。

能力可以划分为一般能力和特殊能力;从是否能够帮助我们创造出新事物角度上看,还可以分为模仿能力和创造能力;从功能角度来划分,能力可划分为认知能力、操作能力和社交能力。

人的一生大致可分为八个不同的时期,即乳儿期、婴儿期、幼儿期、童年期、少年期、青年期、成年期和老年期。总体来说,在青年期以前,人的能力始终处于快速发展中,在青年期、成年期达到巅峰状态,而某些能力在老年期不再提高,反而下降。

能力的发展存在着一个黄金期,这个黄金期处于人少年期以前。黄金期是人的能力发展的最佳时期,在这一时期,人的能力飞速发展。在这一时期对儿童进行恰当的能力训练,会促进能力充分发展。但是,如果在这一时期忽视或阻碍了儿童能力发展,那么以后能力的发展就相当困难,甚至终生不再发展。

人与生俱来的感觉器官、运动器官和神经系统等是能力成长的土壤。人在婴幼儿时期的营养状况影响能力的发展,因为脑和其他神经系统在发育期需要多种营养和微量元素。家庭和学校的教育在能力形成中起着非常重要的作用,受过教育比没受过教育的人能力形成得快又早。而早期教育对儿童能力的发展尤为重要。比如,画家、音乐家、书法家有许多出生于艺术世家，很小就受到了艺术的启蒙教育。实践是能力形成和发展的必要条件，坚持不懈地参加各种社会实践，会使相应的能力得到高度发展。整天和油漆打交道的油漆工人，发展了辨别油漆颜色的能力，甚至能分辨出4000～5000种不同的颜色，这是常人难以做到的。

多元智力理论 *multiple intelligences*

多元智力理论是由美国的心理学家加德纳提出的。他对大脑受到损伤病人和特殊智力群体进行研究后，认为人类的神经系统已经形成了相对独立的多个智力区域，也就是说智力是多元的。他认为人的智力由七种相对独立的智力成分构成，这些能力相互协调工作。

言语智力：阅读、写文章或小说、日常会话的能力，由大脑额叶的“布洛卡区”负责。

逻辑－数学智力：数学运算与逻辑思考能力，由大脑的左半球掌管。

空间智力：认识环境、辨别方向的能力，比如查阅地图等。大脑右半球掌管对空间位置的判断工作。

音乐智力：辨别声音与表达韵律的能力，大脑右半球掌管。

身体运动智力：支配身体完成精密活动的能力，由大脑运动神经中枢控制。

社交智力：指与人交往和睦相处的能力，大脑额叶负责人际关系知识的管理工作，这一区域受到损伤，会使人性格发生很大变化。

自知智力：认识自己，并选择自己的生活方向的能力，由大脑额叶来管理。

同一年龄阶段的人聪明程度可有很大差别。从整个人群来看，人的智商差异很大，高的可达150甚至200以上，低的只有20左右。但这种差异是有规律的，即智商中等水平的人最多，越偏离中等水平人越少，而且向上偏离和向下偏离的人数基本上是对等的。

人的不同方面的能力也是不同的。比如,有的人视觉敏锐,长于观察;有的人听觉发达,对声音敏感;有的人善于推理,思维缜密;有的人记忆超群,过目不忘。并且,人们的特殊能力也有很大不同。有的人精通绘画,有的人专长音乐。而且,同样在音乐方面能力出众的人,表现得也不一样,有的人节奏感强,有的人曲调感精细,而有的人却是听觉表象力丰富。

心理学家在长期的研究工作中,制造了很多测量人能力的“尺子”——能力测验。这些能力测验可以根据能力的分类而划分成一般能力测验、特殊能力测验和创造力能力测验。通过测验,你就可以了解自己的能力状况,找到薄弱环节和突破的方向。

成功者说

人的能力发展有早有晚。有些人年少时就显露出卓越的才华,这称为“早慧”,这种情况在音乐、绘画、艺术领域常见。另一种情况叫“大器晚成”,这些人直到中年才崭露头角,表现出惊人的才智。

成功需要想象力

某建筑公司经理在查账时突然发现有一笔支出竟是购买两只小白鼠,他非常疑惑。公司买小白鼠干什么?他百思不得其解,就把买小白鼠的属下叫了过来。

属下回答道:“上星期,我们接了一个装修活,户主要我们安装新电线。装电线容易,可电线必须通过一个长 10 米、直径却只有 0.25 米的管道,而且管道砌在砖墙里,还绕了 4 个弯。我们费了半天劲都穿不过去。最后没办法,我想起书上的一个故事。于是我到商店买来两只小白鼠,一公一母。我把一根线绑在公鼠身上并把它放到管子的一端。一名工作人员把母鼠放在管子的另一端,逗它吱吱叫。公鼠听到母鼠的叫声,便沿着管子跑去救它。公鼠沿着管子跑,身后的那根线也被拖着跑。我把电线拴在线上,小公鼠就拉着线和电线跑过了整个管道。”听完这番话,经理呆住了。这不就是他平时在公司里倡导的用脑做事的典型吗?一个小小的装修工人,利用自己的想象力想出了这么聪明的办法,不仅为公司节约了成本,还大大地缩短了装修时间,这正是他需要的员工。没过多久,这名富于想象力的属下就被升为了部门主管。

想象力是基本能力之一。它是指在知觉材料的基础上,经过新的配合而创造出新形象的能力。想象力被喻为智力的翅膀,在解决问题和创造中有重大的作用。

创造中的想象是通过对那些储存于大脑之中的、能够感知的经验事实进行改造、再加工和重新组合成新形象。创造中的想象与逻辑思维有密切关系,因为创造活动有目标指向。想象要从解决具体的问题出发,在自觉意识的引导下重组各种意象。想象往往是直觉思维的前导和诱因。

一般来说,产生顿悟的直觉是长期的思考和不经意的遐想的产物。想象的一种基本形式是联想,它是由此物直接到彼物或者由某一偶然事件的刺激引起的一种相似的想象。

想象通常分为无意想象和有意想象两种类型。没有特殊目的、不自觉的想象叫做无意想象,带有一定目的性和自觉性的想象叫做有意想象。按想象成分的多少,可以把想象分为再造想象和创造想象两类。再造想象的特点是根据词的表述或条件的描绘,在头脑中形成这一事物的形象。而创造想象的特点是不依据现成的描述而独立地创造出新的形象。良好的想象力源于客观现实,由想象者定向展开,形成的形象鲜明,想象的产物新奇独特。

活跃的想象力是伟大智慧不可缺少的属性，是创新能力的重要基础。创新之所以重要,是因为创新能满足人们更高的需要。想象力是一切创造力的源泉。想象力就是梦想,想象就是创新的翅膀。

爱因斯坦特别强调想象力的作用,他说:“想象力比知识更重要,因为知识是有限的,而想象力概括着世界的一切,推动着世界的进步,成为知识进化的源泉。”有了想象力就能在记忆表象的基础上创造出新的形象。

想象力在人类生活的各个方面都起着重要作用。无论是认识过程,还是心理过程，无论是创造发明，还是生产实践，都需要想象力。如果脱离想象力，即使最简单的生产劳动恐怕也难以胜任。

尽管想象力对人类生活十分重要，但人类现有的想象力水平却未能得到充分的发挥。心理学研究表明，人类大脑皮质的想象区域至今仍未被充分开垦，即使想象力极为丰富的文学家、艺术家也仅仅利用了想象能力的15%左右。这就是说，我们每个人都有极大的想象潜力有待开发。要培养、发展想象力，应着重从四个方面入手。

首先是要储存表象。尽管想象的成果具有超越现实的特点，但是用来制作想象成果的原始材料不是凭空想象出来的，而是在现实中提炼出来的。发展自己的想象力就必须积累想象所需要的素材，这种素材就是"表象"。画家如果不储存十分丰富的人物和事物的视觉表象，他就不能通过想象创作出栩栩如生的绘画作品；发明家如果不储存各式各样的物体表象，他就不能通过想象创制出新产品；建筑师如果不储存大量的楼房、桥梁的表象，他就无法通过想象设计出新颖别致的高楼桥梁。

客观事物是引起表象的原形。要使自己头脑中储存大量表象，唯一的方法就是积极实践，不断接触各种事物，以自己的感、知觉为中介，积累丰富的感性材料。

表象是否丰富生动与语词密切相关。语词能与相应的表象建立巩固的对应关系。语词越丰富生动，变化越大，对表象形容得越逼真，头脑中出现的表象也就越清晰、完整和生动。所以，语词丰富、表达能力强的人，所引起的表象变化比较多样化，想象力一般比较丰富。

要想丰富自己的语词与表达能力，可以读书刊、听广播、练写作、多表述，学会用词语来描述人物的形象和发生的事件。欣赏文学作品对积累语词、丰富想象具有特殊功效。

事物不是彼此孤立的而是相互联系的。因此，从客观事物所得来的知识（保留在头脑中的表象）也不是孤立和零碎的，而是相互关联的。因为知识（或表象）在头脑中相互联系，所以我们回忆某一事物时，总会连带想到其他的事物。从一定意义上讲，联想就是想象。想象要形成新的形象，必须借助联想。

联想能力可以通过训练而逐渐增强。联想训练的本质任务是从表象的不随意的发生过渡到善于随意地引出必要表象来加以组合。

成功耆说

知识有利于想象力的发挥,但知识与想象力并非成正比。一般而言,缺乏知识的想象力,往往只能成为空想、幻想,但如果因循守旧、墨守成规,被传统观念束缚,知识也可能成为发挥想象力的障碍。

自我充实的阅读能力

在早期的美国,大多数成年人都是文盲。那时候大多数美国人生活在农村,对于开垦土地种植庄稼来说,强壮的身体比良好的教育更有用处。但是,有几个意志坚定的先驱,如亚伯拉罕·林肯,克服了自己身处的几乎不可改变的逆境,养成了读书的习惯。读书不仅改变了他的生活,而且改变了美国的历史进程。

林肯出生在一个乡村小屋里,他母亲读书但从来未写过字,他父亲也仅能写他自己的名字。可是,林肯却被书籍强烈地吸引着。他7岁时开始上学,每星期只去学校两三天,接受正规教育的时间加起来也不到1年。十几岁的时候,他从所有邻居那里寻找和借回很多书。当其他小伙伴在山上玩捉迷藏的时候,他却手捧书本坐在树下阅读;吃完饭后,他又很快拿起书本;在其他人休息时,他还在认真读书。

许多人抱怨没有读书的时间,因为他们每天都要忙于赚钱养活自己。然而如果他们能把工作和生活安排得科学些,必然可有空闲时间。

心理学研究表明,合格的高中毕业生,平均快速浏览速度是每分钟250字。如果我们想要从书中学到一些知识的话,就会不时地停下来重读某些句子,或者是停下来整理头脑中出现的某些新想法,所以大部分成年人的平均阅读速度是每分钟200字。按照这样的速度计算,15分钟之内你至少可以读6页书。因此，如果你每天读15分钟，就可能在一个月左右的时间内读完一本书。到了年底，你就至少读过10本书了。而这10本书，就可以包括某个学科的全部基础知识。想想看，在大学里，一般专业要求阅读的参考书也不过10本左右。也就是说，每天抽出15分钟用来阅读，你就可以用1年为自己开拓出一个全新的领域，为自己的未来创造一种新的可能。

那些说没有时间阅读的人所讲述的理由，大都是无稽之谈，他们只是把时间花在了他们认为是更重要的其他事上了。有人问鲁迅取得成功的诀窍时，他坦诚地说："我哪有什么诀窍，我只不过是把别人喝咖啡的时间都用在工作上罢了。"或许我们不能做到不喝咖啡而去工作，但是喝咖啡的时候捧着一本书，这并不是什么困难的事情。古人曾经说读书有"三上"：枕上、马上、厕上。如果你在公交车上找到一个座位，如果你不是那种一沾枕头就睡着的人，你就很容易找到读书的时间。即使在排得最满的时间表中，也会有不止15分钟的空余时间在什么地方藏着。

如果你已经做到了每天抽出15分钟读书，你就会发现，再抽出15分钟也不是困难的事情。这样，每天阅读30分钟，你一生的阅读量就会超过1000册，这些书可以装满一间小屋子。

读书多的人和读书少的人在个人素质、生活态度、思维方式以及处理问题能力等方面都存在着明显的差别，这些差别造成了人生的巨大差距。那些文化水平比较低的人，以为应该读大学，应该系统地学习某方面的知识，其实这种想法也不完全正确。书有很多种，非专业书也同样能提高一个人的文化素质。如果你看不懂专业书，先去读一些一般性书，时间长了，你也同样能成为一个了不起的人。

阅读速度与阅读质量是矛盾的统一体。虽然我们应该更重视阅读的质量，但是阅读速度与实际应用的关系更加紧密。快速阅读的习惯可让读者在更短的时间内学得更多，而且因为必须集中精神好赶上阅读速度，因此反而记得更多、更久。

首先，不要把要看的东西当做"不得不看"的东西。如果抱着这样的态度，你就会觉得无聊。

阅读时要找个舒服的姿势，但是别过于舒服。不要靠着床或是软沙发，只要一张桌子便可以让你的视线自然往下看到阅读的东西；同时这样也可避免你分心或眼睛过度疲倦。研究显示，许多人阅读时甚至会花上10%的时间在翻页上，所以把你的一个手指头放在下一页，一旦读到这一页的最后，尽快翻到下一页。

不要强迫自己用超过能理解能力的速度阅读。每个人阅读的速度不同，但是都可以改善、提高。你的目标不在于成为最快的速读专家，而是要把你的阅读技巧提高到最高程度。设定自我挑战的目标。你可以设定希望在多少时间内读完多少页。你所设定的页数（目标）和时间（期限）会迫使你读得更快、更专心。计算你在10~15分钟内可以读多少页；然后看是不是可以打破自己的记录。一旦你习惯一种速度，就可以加快阅读的速度。你的眼睛会渐渐习惯新的速度，但是千万不要快到让你的眼睛不舒服的地步，这样读得太快反而记得少。

不要只接触固定主题或固定内容的读物。阅读愈多样化，吸收信息就愈多。对于内容不是非常专业的长篇文章，你通常可以精读每一段的第一行，就能掌握大意。另一个方法是只看重点，略过说明和例子。

阅读时要排除一切干扰。外在的干扰包括噪音、光线不足、桌面凌乱、椅子不舒服等，因为它会影响你的注意力。除非你需要音乐来安抚情绪或掩盖其他噪音，否则阅读时最好还是关掉你的音响。当你嘴巴哼着歌、脚底打着拍子的时候，是不可能读得快、记得多的。如果你发现自己不自觉地念出书本上的字或默念的话，你要将阅读速度提高到开口念的速度跟不上为止。必要时，可以吃糖果或者嚼口香糖，来迫使自己转移注意力。内在干扰最难处理，因为你无法将它们关掉或移走。例如一边准备期末考试，一边担心不及格，就很难专心。

“专心”和“轻松的态度”不会互相冲突。读你感兴趣的书，或设法在你读的东西中找到乐趣，都有助于提高你的专心程度。

成功者说

阅读是接受优秀文化熏陶的主要途径，也是提高个人能力的重要方式，尤其是多阅读哲学经典更能使人思想敏锐，见解深刻。阅读可以使人视野更加开阔，思维更加活跃，推理更加严谨和缜密，这些对正确解决问题都十分有帮助。

沙里淘金的思维调整能力

法国著名数学家庞加莱，有一次集中注意力研究某算术问题。苦思冥想了好多天仍无果，也没有找到这些问题跟以前的研究有什么联系，脑子里一片混乱，他非常沮丧。

于是，他索性跑到海边去消遣几天，想些别的问题，散散纷乱的心情。

谁知，有一天早晨他起得特别早，就去爬山。正当他在悬崖绝壁上行走时，心中顿生一个简明扼要、确定不移的念头：不定三元二次方程式的算术转换式跟非欧几何上的转换式是相同的。

真是出乎意料。这么长时间一直困惑不解的问题，竟然在突然之间解决了。

法国思想家帕斯卡说过："人不过是一株芦苇，是自然界中最脆弱的东西；可是，人会思维。要想压倒人，世界万物并不需要武装起来；一缕汽，一滴水，都能致人于死地。但是，即使世界万物将人压倒了，人还是比世界万物要高出一筹，因为人知道自己会死，也知道世界万物在哪些方面胜过了自己；而世界万物则一无所知。"

思维方式可以划分为许多类型，如笼统思维与策略思维、形而上学思维、单向思维与多向思维、主观思维与客观思维等。思维方式一旦形成就具有相对的稳定性和独立性，但又会因为个体知识及一定的思维训练而发展变化，所以又具有一定的可塑性。

多数情况下，思维定式容易使人的思维僵化，不利于问题解决，因此，应注意克服与调整，才能将大脑的思维能力充足开发出来。

把难解决的问题暂时搁置，是克服思维定式最简单可行的办法。暂时搁置的妙处或许你早有体验：对一个问题百思不得其解时，暂时搁置一些时间，然后再回过头来思考，可能豁然开朗。暂时搁置其实也是一个酝酿过程。正因为有了这一酝酿过程，好主意才能直接从你的无意识中产生出来。

当要你完成一项任务时，任务接受得越早，就越有充裕的时间积累信息，就会在晚些时候发现更好的解决办法。

有了酝酿过程，就容易在适当的时候产生正确的解决办法。就像许多学生，为了完成某个作业问题通宵达旦苦熬几个昼夜毫无结果，而偏偏到该交作业的那天早晨突然找到了解决办法。

因此，要想解决一个难题，必须有充裕的酝酿时间。不给充裕时间酝酿解决问题的计划，不是一个好的计划。

可以设计一些巧妙的方法训练自己转移注意角度、克服思维定式。比如可以设计这样一个简单的训练办法：把书打开，把手随意指向一个字词，然后把这个字词用在你正在进行的思维活动中。

电脑大家都不陌生，电脑有硬件和软件两大组成部分。如果硬件一定，所使用的软件越先进，电脑工作的效率就越高；如果软件太差，即使硬件再好也白搭。人脑的工作原理和电脑有很多相似之处：大脑相当于硬件，思维方式相当于软件。大脑再聪明，如果所运用的思维方式不好，大脑也不会有高的工作效率。我们操作电脑的时候，都是先给电脑明确的指令，电脑得到这个指令后快速反应，为我们工作。人脑的运作也是同样的道理，要让自己的大脑高效工作，必须给它明确的目标，否则它会无所适从、停滞不前。

调整思维方式的原理很简单，只要将避免出现不好结果的思维方式改为指向目标的思维方式就行了。自己要明确："我应该做什么？我最需要什么？我怎么做才好？"

长此以往，不良思维方式就会逐渐得以改善。不过，一种良好的思维方式是经过了长期的过程才形成的。可不良思维方式带给人们很多的情绪困扰，降低了学习、工作和生活的质量，因此，无论有多困难，都必须坚定地调整它、改善它。

成功者说

在解决问题的过程中学会放松自己很重要。如果不会放松，头脑就会对一些无谓的琐事过于敏感，进而严重地妨碍灵活地创造思维；只有精神上放松，头脑中才更容易形成一些思想火花，找到解决问题的方法。

别出心裁的创新能力

古代波斯有位国王，想在官员中挑选一人担任宰相。他把官员们领到一座谁也没有见过的大门前，说："众位爱卿，你们不是聪明渊博的学者，就是力大无穷的猛将。现在你们看到的是世界上最大最重的门，三百年来一直没有打开过。你们谁能打开这座大门，帮我解决这个难题？"

官员们连连摇头，有几位走近大门看了看，又退了回去。正在大家纷纷议论的时候，一位年轻的官员走上前去，先仔细观察了一下，又四处摸索一番，最后轻轻一推，大门就霍然洞开了。

原来，这座看似非常坚固的大门其实并没有真正关上，任何人只要仔细察看一下，并亲自试一试，都可以打得开。因此，能否打开大门，并不需要多大的力量和聪明才智，而仅仅在于是否拥有创新思想。

创新就是创造出前所未有的东西，包括观念、方法。要得到更好更完美的解决问题方法，就只有创新，因循守旧解决问题的方法往往不能解决问题。

人人都有创新能力，每个人都能创新。如果创新像求解数学题一样，那么那些取得高学历、受过"高素质"教育的人就一定能够创新。然而高智商的人并不一定就能创新，而有些没读过多少书的人却在创新上取得了很好的成就。创新能力更多地表现为潜能，有着巨大的发展潜力。高智商的人在创新面前跟普通人一样，没有任何优势，普通人的创新能力可能不低于高智商的人。

实现创新就是要解决前人没有解决的问题，要积极参加创新实践，打破"只有科学家才能创新"的心理障碍，从身边点滴小事做起，从学习生活中的具体实事做起。创新行为和创新能力的是建立在创新观念基础上，没有创新观念，就不会去开发自己的创新潜能，更不会进行创新探索。只有具备创新意识的人，才会对新事物特别感兴趣，才会对新生的事物敏感。

一个人如果没有一种创新的心态，不管他遇到多少机遇，也不管他有多么高的智商，有多么好的条件，他永远也不会在创新上有所建树。有些人读了一辈子的书，在理论上说起来头头是道，然而实际做起来就不是那么一回事了。有那么一种人，他们做事情，解决问题首先总想资料上有没有，是不是有理论依据。因为他们的思想都被那些所谓的知识给困住了，这类人只能充当一部高级的计算机。他们解决问题时只会是循着一条不变的路走下去，不会根据具体情况进行具体分析，没有创新的心态，就永远也不会创新。

要使自己保持创新的心态，就不能被“看起来似乎理所当然的事”迷惑。尤其是那些虽然有错误，但不易察觉的事情。这些错误是那些理解力很强，思虑也很缜密的人们，在努力追求真理的过程中，由于一时疏忽产生的。这一类的例子很多，其中有一些是人们一直深信不疑的。

其次，对于头脑里冒出来的想法，首先要评估一下，它是否“真的是自己的意见”。首先想想看，是自己真的那么想，还是照别人告诉你的去想的，会不会是偏见或错误的。你就从这些问题开始思考吧。如果没有偏见，希望你能用心听听各种人的意见，想想看是对或错，或者有哪个地方不对，然后再综合各种意见，归纳出自己的看法。否则就可能被偏见误导了。

要善于思考，要敢于否定前人，培养发现问题的能力。学习新知识，不能完全依靠老师，也不能迷信书本，应勇于质疑。勇于提出问题，是可贵的探索求知精神，也是创造的萌芽。创造的机制是：由于知识的继承性，在每个人的头脑里都容易形成一个比较固定的概念世界，而当某一些经验与这一概念世界发生冲突时，惊奇就会产生，问题也开始出现。当人们有摆脱“惊奇”和消除疑问的愿望，便构成了创新的最初冲动，因此，“提出问题”才是创新的重要前提。

成功者说

经验能使我们少走弯路，却又有可能误导我们，甚至使我们堕入迷途。所以，如果过分依赖经验，就会助长心理惰性，削弱想象力，形成思维定式，从而束缚创造力。

直觉是创新的源泉

1951 年，凯蒙斯·威尔逊带着全家老小去旅游。一路上，美丽的风光使他心旷神怡，可住宿的遭遇却让他十分恼火：客房既小又脏，水暖设备差，洗澡用水不方便，一家人合住一间客房，每个孩子还要加收钞票。凯蒙斯却有了自己的想法：汽车旅馆普遍条件差，而酒店又很昂贵，如果建造一座酒店式的汽车旅馆，不就能赚大钱吗？

一年后，他的第一家“假日酒店”正式开张营业。酒店服务设施周全，使用价格绝对便宜。有时房间已经住满，服务员会为顾客和附近的旅馆联系住宿，这是凯蒙斯发明的服务。他花费 13000 美元的高价做了一块招牌，这块招牌能让所有人联想到假日酒店是个有趣的地方。

凯蒙斯采取特许经营的办法，向社会出售特许经营权，从而迅速推动假日酒店在各地开花。然后，他又凭着直觉，将电脑引入管理。他委托 IBM 设计安装一套电脑系统，可以即时找出或预订在任何地方的任何一家假日酒店的可供投宿的客房。这套电脑系统的代价是 800 万美元，但是当时其他连锁旅馆都没有这种先进设备，假日酒店一下子拥有巨大优势。正是对社会、对人性的敏锐直觉，让凯蒙斯走在了时代的前列。

直觉是当人们对某种事物深入观察，获得极为丰富的积累时，认识上产生的飞跃，是对事物直接的本质理解和综合的整体判断。直觉的产生是以特定的问题为先导，以已有的知识、经验为基础得到的对问题的想法。产生直觉需要丰富的表象积累，在此基础上抓住事物的本质特点和内在联系。直觉思维能同时分析，直接识别事物或获得最终结果，是对事物之间关系的整体把握。

直觉的最基本的功能就是预测。这样的认定可能有依据，也可能没有依据。直觉的预测是跳跃性的，从现象直接到达本质，而没有中间的运作过程，因此也无法用语言表述清楚。直觉往往在决策时起重要作用。有些人仿佛拥有特殊的感官，他们能“发现他人所没有发现的机会”，能辨认出其他人所无法辨认的机会。而其他人只局限于逻辑思维之中，认为直觉是虚幻缥缈的，是不可信的。

直觉不仅仅是感觉，它是过去的经验、知识以及个人信念等的综合作用形成的。直觉是创造过程的重要组成部分。当我们有了信息时，直觉便可以发挥作用。

大部分重要的决策，都需要一个直觉预测，这样的预测跟我们运用现在有的资料进行总结和推测的原理其实是一样的。但是这样的预测将这些活动都在无意识中完成，而且进化为一个快速的本能反应活动。不知道还有多少人相信无意识的存在，但是人的确有意识觉察不到的心灵活动，这些活动有的时候被称为自动加工，这是人的本能。只有最重要的东西才会变成本能，直觉预测能力就是本能。

也许会有人说：工作必须依照理论才算科学，合理的方法是绝对有必要的。以目前的社会运行状况来说，缺乏计量能力的人根本就无法生存。不过，判断一种事业能不能成功，却是无法计算出来的。决定这些问题必须靠个人的直觉。当然，必须参考一些有根据的资料。

如何对待你的直觉判断是一门学问。以直觉判断，当然也可能失败。闻名世界的大发明家爱迪生，一生发明了许多物品。就连这么聪明的人，也不敢保证他的判断件件都对。他说：“有许多我以为对的事，经试验发觉错误百出。因此我对大小事都不敢做肯定不变的决定，当我一旦发现自己的判断不对时，立刻见风使舵，改变方向。”

直觉思维是可以有意识加以训练和培养的。比如把右手的食指轻轻地放在鼻翼右侧，产生正在舒服地洗温水澡的感觉或仰面躺在碧野上凝视晴空的感觉，以此进行自我松弛，有利于右脑机能的改善。进行自由联想，将空中飘浮不定的朵朵白云，想象成各种形象，或者尽量形象地回想以往美好愉快的情景，这能提高进行逻辑思维的左脑和记忆贮藏库海马体的功能，进而提高思维的集中能力。练习用左手拿筷子，先试两天，然后中间休息一天，再继续两天，坚持一个月左右。使用指尖打弹子最需要快速判断力，可以培养“秒的直觉力”。

根据自己的心愿去想象所希望的未来前景，接着生动活泼地浮想通过哪些途径才能得以成功。开始的时候闭眼做，习惯之后可睁眼做。向看起来办不到的事情挑战。有时，灵感是在被逼得走投无路时突然产生的，简直是绝路逢生，不要惧怕艰难的工作，要勇敢地去挑战。

成功者说

我们每个人都有过凭直觉做事的经历，这种本能在成功路上是非常有价值的能力。我们的大脑中经常闪现一些无意的念头，有时也能感觉到将要发生的事情。倾听自己的直觉，遵从自己的感悟，你的潜意识可以为你指点迷津。

正确选择的决断能力

某知名跨国公司在招聘计算机网络员，薪水丰厚，这家公司很有发展潜力，近些年新推出的产品在市场上十分走俏。有个应聘者十分矛盾，因为他在职业学校的培训已近尾声了，一旦去应聘，一年的培训就算夭折了，连结业证书都拿不上。他去请教父亲，父亲笑了，搬来两个大西瓜放在儿子面前，让他先抱起一个，然后再抱起另一个。儿子瞪圆了眼，抱一个已经够重的了，两个更没法抱。父亲催促他，儿子却发呆了，父亲叹了口气："傻儿子，你不能把手上的那个放下来吗？"

儿子明白了，父亲并没有强调要他同时抱。放下一个，不就能抱另一个了吗？

父亲最后提醒儿子说："两个总要先放弃一个，放弃是为了得到，所以你不必苦恼，做出选择吧！"儿子放弃了培训，选择了应聘，很顺利地成了那家公司的职员。

心理学有一个"手表定律"：一个人有一只手表时，可以知道时间；而当他有两只时间不同的手表时，他就不知道时间了。在现实生活中，我们也经常会遇到类似的情况。在人生的每一个十字路口，我们都要面对"鱼与熊掌不能兼得"的苦恼。

美国哥伦比亚大学和斯坦福大学的心理学家研究发现，人们都愿意有更多的选择。比如在超级市场货架上摆放6种果酱，或摆放24种果酱，消费者一般对后者比较满意。但在做出购买决定的时候，面对6种果酱的消费者更容易选择他想要的果酱，而面对24种果酱的消费者实际购买的只有前者的11%，其余的人因为不知道选哪一种好，就一种也不选了。而做出选择的消费者中，后悔的比率也比前者高。研究的结果证实，过多的选择易使人失去理智，要么是极端冲动，不假思索地随便选一种，要么是极端保守，什么都不选。

在确定目标的过程当中，也许最让人伤脑筋的就是在左右为难的处境下做选择。有时候，人们由于各种原因，无论怎样选择，都不能保证完全符合自己的需要，因而导致在要还是不要、做还是不做之间反复地考虑，无法决定。这种现象心理学叫动机冲突。

动机冲突 *motivation conflict*

常见的动机冲突有四种。

接近－接近型冲突。也称双趋冲突，当两种或两种以上目标同时吸引自己却又无法兼得，只能选取其中之一时，会出现这种冲突。

回避－回避型冲突。当两种或两种以上目标都是自己力图回避的，却又无法兼弃，必须选取其中之一，在舍取哪一目标的问题上，就会产生回避－回避型冲突。

接近－回避型冲突。这类心理冲突是指一个目标本身对自己有吸引力，但对达到该目标的途径不满意，于是，在舍取该目标时，就会陷入接近－回避型冲突之中。

多重接近－回避型冲突。该类冲突是指面对两个或两个以上目标，每个目标又同时具有吸引力和排斥作用，这时就不能简单选择一个目标或回避另一目标，而应考虑各目标正负效应的比重。这种由多重选择引起的心理冲突，即为多重接近－回避型冲突。

动机冲突会使人焦虑不安，无所适从，败坏情绪，空耗精力。严重的、持续时间过长的动机冲突，还会导致人心力交瘁、不能安心做任何事情。因为无法作出的决定，就像一枚已经被拈起而又找不到合适的位置的棋子，人的心思就得被它紧紧牵住。如果做出不恰当的选择，就会得不偿失。

无休止的动机冲突带来持久的烦恼，损害身心健康，延误个人的发展。因此，出现了动机冲突，最好能通过合理的程序、方法及时处理，以便明确目标，轻松前进。既要避免反复纠缠、久拖不决，也要防止草率抉择，如果弄错，就追悔莫及。心理学家就如何妥善处理动机冲突，提供了一个四步做法。

第一步要对目标进行评估。这是必须首先完成的。对所面临的一个或多个目标逐一进行评估，确认每一个目标所包含的利与弊。第二步，再进行利弊权衡。第三步依据权衡结果和取利舍弊原则做出选择。最后一步，做好承担一切后果的心理准备。动机冲突之所以让人进退维谷，根本的原因恐怕在于目标的利弊过分接近了，以至于难分高下。若没有足够的依据，自然选择不出。这时候，选择就不再依赖利弊因素了，而主要取决于个人是否愿意、是否能够承担得起某种选择所带来的利与弊。

实际上，选择的关键已经从目标的利弊之辨，转移到了对个人承担后果的态度、意志、能力的考验上面。如果你能承担选择所带来的后果，那么就选择；如果不能承担一切后果，就不要作任何选择，即使你作了选择，也必定不能善始善终，还不如放弃。为自己的行为负责，这也是心态成熟的重要标志。

以上四个步骤完成之后，就不要反复去考虑已经决定了的选择，也不要无端地担心将来会失败。应当集中精神，千方百计地克服前进中的障碍，实现目标。相信经过合理、严密的程序，加上健康、积极的心态，你就不再有痛苦、彷徨，而能够迈向自己认定的目标，享受成功与快乐。

成功者说

在面对矛盾选择的时候，“模糊心理”是解决问题的金钥匙。所谓“模糊心理”，就是在一个以潜意识的心理为主要基调，作出符合潜意识心理的选择。过多的选择会把你弄得无所适从，身心疲惫。你要做的就是按照自己的想法去选择。记住尼采的话：“你只需一条道路而不要贪多。这样，你过桥会更容易些。”

永不减退的学习能力

1985 年，还是个小护士的吴士宏抱着半导体学了一年半英语，就壮起胆子到 IBM 应聘。两轮的笔试和一次口试，都顺利通过了。面试也很顺利。最后，主考官问她："你会不会打字？"

"会！"吴士宏条件反射般地说。

"那么你一分钟能打多少？"

"您的要求是多少？"

主考官说了一个数字，吴士宏马上说可以。她环顾了四周，发现现场并没有打字机。考官说下次再考打字。

实际上，吴士宏从未摸过打字机。面试结束，她飞也似的跑了出去，找亲友借了 170 元买了一台打字机，没日没夜地敲打了一个星期，双手疲乏得连吃饭都拿不住筷子了，但她竟奇迹般地达到了考官说的水准。过了好几个月她才还清了那笔债务，但公司也一直没有考她的打字功夫。

后来，吴士宏凭自己的努力，一直做到微软公司中国区总裁的位置。

人们一般津津乐道于吴士宏抓住机遇的本事，却忽略了她的学习能力。如果要求我们在一周时间里掌握快速打字技巧，我们能做到吗？

随着社会的发展，知识的更新速度不断变快，要想保持自己的竞争力，就必须不断地学习，提升自己的竞争力，如何学习就成了一个重要的问题。

心理学研究表明，一个人一分钟可以记忆一个信息，一个信息可以称为 1"块"。估计每门学问所包含的信息量大约是 5 万"块"，如果一分钟能记忆 1"块"，那么 5 万块大约需要 1000 个小时，以每星期学习 40 小时计算，要掌握一门学问大约需要用 6 个月的时间。

知识的专一性像锥子尖，精力的集中好比是锥子的作用力，时间的连续性好比是不停顿地使锥子往前钻进。这种学习方法所支配的学习活动，呈现出一种尖锐猛烈,持续不断的态势。“锥型学习法”对于现代人是十分有用的。现代人实际需要的知识大约相当于他知识总量的10%,因此没有必要面面俱到,应从需要出发学习知识。

一件难记的事情或一道难解的数学题,如果你有意识地向别人讲述几遍,就能加深印象,易于记住或理出头绪。这是因为当你讲述的时候,为了说明它们,大脑在紧张地活动,许多概念在“表现”它们的时候得到了强化,许多杂乱无章的“因子”在“表现”它们的时候变得有条理、清晰了。

所以,在学习时先不要追求完全理解,也不去听别人的讲述,而是拿到教材后,直接根据目录,动员自己所有以前学过的有关知识、概念,进行“自我讲授”。讲完后才打开书本,进行通读。通读时不记笔记,更不问人,只是在不理解的地方画上记号。经过通读,你的不足之处都会跃然纸上。然后用自己的语言编制出一张精炼适用的“目录”,对照着它进行第二次自我讲授。通过这次的讲授,许多模糊之处会渐渐清晰起来,印象加深。当你再进行第三次自我讲授时,会更顺利,发挥得更好。

用一系列的循环知识单元,代替平铺直叙的知识积累和阐述,效果要好得多。每一循环都比上一个循环更高一层,更进一步。这种学习方式具有“格式塔”的特征。

心理学中的“格式塔”概念,指的是把许多现象综合为功能单元的一种系统。通俗地说,是整体大于各部分总和的一种循环。后循环需要以前循环为基础,而又比前循环更深、更高,使前循环得到丰富和补充。

以你所感兴趣或想研究的内容为目标,起点可以是某个基本概念、某个公式、某个实验现象、某个疑难问题,甚至可以是自己的某种设想。从这个起点出发,围绕着中心内容学习,掌握与中心内容关联的基本知识,同时了解与中心内容有联系,但并无直接影响的知识。经过一个阶段的学习,基本概念得到掌握,公式得到理解和运用,实验现象得到分析,疑难问题得到解释,设想得到丰富和完善。与此同时,还了解了与所学内容有关的知识,领略了所学知识的概貌。在这一循环的学习中,会遇到新的概念、新的问题,再以此为新的起点进一步学习。

为了解决起点所提出的课题,需要认真钻研、理解、掌握,需要查找书籍,寻求解答根据、说明材料。这不仅是掌握知识的过程,也是培养扎实钻研作风的过程，还是训练快速查阅书刊文献、有效利用资料能力的过程。

孔子曾经说："学而不思则罔，思而不学则殆。"这里的"学"，就是接受知识，而"思"则是深入思考，根据自己已经有的知识、经验对其进行发挥，有所创新。

一切知识不是单靠个人的经验与认识，还要动用自己的心智才能获得。我们既要有孜孜为学的精神，用前人的知识来充实自己，又应该有缜密思虑的头脑，以辨别、运用并发展这些知识。

当然，绝对地"学而不思"和"思而不学"的人都不会有，但是一般人中还是存在着很多错误倾向。有些人只是努力地吸收、记忆各种知识，但他们不肯多用脑子去想一下。有的学生遇到难题就问人，而自己不独立思考。这不是良好的学习习惯。也有一些人过分相信自己，他们想得太多，学得太少，这样就会陷于胡思乱想中。"学而不思"者容易成为教条主义者、公式主义者，这些教条和公式堆在他们的脑子里，像是一批滞销的货物。"思而不学"者可能成为自命不凡而实则浅薄的人。

成功者说

生活在这个充满竞争的社会，要发展、要进步，就得不断地学习，在学习中充实自己，完善自己。知识浩如烟海，学习是一辈子也无法完成的事业，所以我们提倡终生学习，任何时候都要将"学"与"思"结合起来。

见微知著的观察能力

北宋时有一个著名的画家,是画竹子的高手。他为了画好竹子,不管是春夏秋冬,也不管是刮风下雨,常年在竹林里头钻来钻去,全神贯注地观察竹子的变化。他一会儿用手指头量一量竹子的节有多长,一会儿又记一记竹叶有多密。

有一次,他到一个朋友家做客。有个人说道:“大千世界什么东西都能入画,我看就是‘风’画不来。”

大家听了觉得的确如此。画家却不以为然地认为风完全能入画。于是在场的人都好奇地催促他给大家画一张“风”。

画家也不推辞,铺好纸,润好笔,沉思片刻,俯身画起来。不一会儿,果然把“风”画出来了。众人忙上前观看,只见画面上有簇坚韧翠绿的竹子,很用力地向一边倾斜着,使人一看就感到一股狂风正呼啸着吹过,似乎还能听到竹叶互相摩擦的“沙沙”声。

画家长年累月地对竹子做了细微的观察和研究,对于竹子在春夏秋冬四季的形状,在阴晴雨雪天的颜色、姿势,在强烈的阳光照耀下和在明净的月光映照下有什么区别,不同的竹子有哪些不同的样子,已经摸得一清二楚,闭上眼就能浮现在脑海,所以他画起竹子来,根本用不着画草图。后来,诗人称赞他说:胸中有成竹。这就是成语“胸有成竹”的来历。

心理学家托尔曼做过一个非常著名的实验。实验发现,对迷宫有着充分认识的大白鼠,可以在迷宫通道改变的情况下,直接找到正确的道路,而不是依靠习惯行动。其原因是通过观察,大白鼠头脑中已经形成了通道的“认知地图”。

由于人能够在脑海中形成对事物的认知地图,所以能够通过个人体验的刺激来学习很多东西。美国科学家通过对类似现象的研究发现,人不亲身去做也能学到一些东西。世界著名的高尔夫球教练阿列可斯·莫里森总结出一套系统的心理训练方法。他说:只要坐在安乐椅上,在心里练习他所谓的“莫里森七要诀”,你就能提高打高尔夫球的成绩。

一个人对事物的认知程度,对他的潜能发掘乃至最后的成就,有近乎决定性的影响。“认知地图”的准确和完整,完全依赖于初始的观察。只有通过专注而不懈的观察活动,才能形成准确而完整的认知地图。

一个人对事物的观察效果,在很大程度上受自身长期形成的观察习惯制约。只有在良好观察习惯的导向下,才能使自己始终不渝地遵循正确的观察规则,取得良好的观察效果。良好的观察习惯包括七个方面。

首先是专心致志。紧紧盯住目标,才能看出、看准、看全问题。如果观察时浮光掠影、见异思迁,就会降低观察效率。专一的观察习惯以兴趣、责任感、理解力、自制力等为条件,而自制力是最主要的。一个人如果善于控制自己的知觉以服从面前的目的、任务,他就是一个良好的观察者。

其次,观察要力争全面,才能获取丰富、系统的观察材料。要看到事物的正面与反面、细节与全貌、个别特征与相关联系、明显的外观现象与隐蔽的条件和因素、现状与发展趋势。观察事物时能够经常以这五项指标作为准则,便能养成全面观察的习惯。

第三,观察要仔细。粗心大意会将重要材料遗漏。要养成仔细观察的习惯,必须在长期的观察实践中不断练习。起初要以意志约束,迫使自己耐心细致地观察。随着时间的推移,逐渐形成习惯。

观察包括两个不可缺少的因素:感知因素和思维因素。因此,人们把观察称为思维知觉,观察时必须辅以思考。养成“观”与“思”相结合的良好习惯的方法是在观察实践中自觉地进行思考,对观察对象多问几个“为什么”。

尽管观察是在一定的目的指导下进行的,同观察者的主观状态有关,但观察要真实。养成客观的观察习惯,关键要确立正确的指导思想。此外,观察者还应保持正常的生理机能与良好的心理状态。

观察时做记录的好处:能使观察更有目的、有计划;能积累观察材料;能激发思考与检查认识;能发现问题,促进深入观察,提高观察水平;便于对观察材料进行整理、概括和抽象,为发现观察对象的规律提供条件。不同的观察需作不同形式的记录。比较严密的观察记录应包括三部分:观察前拟订观察计划、观察中的即时记录和观察后的回忆记录。

最后，观察应该持之以恒。如果无恒心，中途停止、转向，很可能一无所获。

成功者说

注意力是否集中，对观察效果有直接影响，注意力集中才能仔细观察。因此，要想培养、提高观察力，必须首先培养、提高注意力，注意力越集中，观察效率就越高。

抵御意外风险能力

沃伦·巴菲特评价比尔·盖茨说："如果他卖的不是软件而是汉堡，他也会成为世界汉堡大王。"言下之意，并不是微软成就了盖茨，而是其商业天赋成就了这个世上最富有的人。

当然，像盖茨这样的聪明人是决不会把"把鸡蛋放在一个篮子里"的。具有远见的盖茨早在网络股票泡沫破裂之前就开始分散投资了。盖茨在1995年建立了一家投资公司，据了解，该公司管理的投资组合价值100亿美元，其中很大一部分投入了收入稳定的债券市场，主要是国库券。

盖茨看好代表新经济的数字及生物技术产业，但在投资时并不排斥传统经济，尤其看重表现稳定的重工业部门。盖茨曾通过自己的投资公司收购纽波特纽斯造船公司7.8%股份，后来这些股票几乎上涨了一倍；他对加拿大国家铁路公司的投资也给他带来了丰厚的回报，在不到一年内股价就上升了大约30%。此外，盖茨也喜欢向抵御市场风险能力很强的公用事业公司投资。而盖茨对科学创新的兴趣，也使他把医药和生物技术产业作为重要的投资方向。

无论投资还是创业都有风险，而且收益越大的项目风险越大。无视风险，会让任何已经取得的成就在一瞬间化为乌有。因此，人们要树立风险意识，在经营活动中尽可能预防风险、降低风险、规避风险。

成功人士在谈到预防经营风险时，透露了“八字秘诀”：分析、评估、预防、转嫁。

创业者对每一经营环节都要分析风险，做什么都不能满打满算，要留有余地，对可能出现的风险要有明确的认识和克服的预案。

通过分析，预测风险会带来的负面影响。例如，投资一旦失误，可能造成多大损失；投资款到期不能收回，可能造成多大经济损失；资金周转出现不良，对正常经营会造成哪些影响……

积极预防风险。例如，对投资方案进行评估，对市场进行周密调查，制定科学的资金使用政策等。一旦某个环节出了问题，要有补救措施的预案，尽可能减少负面影响。同时，还要加强管理，建立健全企业各种规章制度，特别是合同管理、财务管理、知识产权保护等；在平时的业务交往中要认真签订、审查各类合同，加强对合同履行中的监督。

风险不可避免，但可以转嫁。例如财产投保，就是转嫁投资意外事故风险；购商品是转嫁筹资风险；以租赁代替购买设备是转嫁投资风险。创业也是如此，个人独资要承担无限责任，几个人共同投资，就是有限责任，就能分散风险。

20 世纪 70 年代，美国经济学家卡尼曼和特沃斯基把心理学研究和经济学研究结合起来，从实证出发，从人自身的心理特质、行为特征出发，揭示影响选择的非理性心理因素，揭示了在不确定性条件下的决策机制，提出了一系列重要的结论，并且获得了诺贝尔经济学奖。

现在请你回答下面两个问题。

问题 1：有两个方案供你选择，A 方案是肯定能赢 1000 元，B 方案是 50%的可能赢 2000 元，50%可能什么也得不到。你选择哪一个？

问题 2：有两个方案供你选择，A 方案是肯定损失 1000 元，B 方案是 50%的可能损失 2000 元，50%可能没有损失。你选择哪一种方案？

对于问题1，大部分人都会选择方案A，而对于问题2则相反，大部分人选择方案B。这说明人们在面临收益时倾向于规避风险，面临损失时则倾向于冒险。

可是，如果理智地分析一下两个问题，你会发现它们本质上是完全相同的：假定你现在先赢了2000元，那么肯定能够赢1000元，也就是从赢来的2000元钱中肯定损失1000元；50%赢2000元也就是有50%的可能性不损失钱；50%什么也拿不到就相当于50%的可能损失2000元。可见，不同的表述方式改变的仅仅是参照点是收益，还是损失，结果就完全不一样了。

人们在面临收益的时候规避风险，而在面临损失的时候偏爱风险，是因为人们对损失和获得的敏感程度不同，损失1元钱的痛苦要远远大于获得1元钱的快乐。这恰好解释了人们在冒险时的行为的前后矛盾，同一个人既可以为了保护既得利益而谨慎行事（为了保证利润而放弃成功的投资），也会不惜一切代价竭力避免损失（抱着赢利的希望，抓住已经失败的投资不放）。

所以，我们在面对无所不在的风险时，一定要保持冷静的心态，既不要在收益面前畏首畏尾，以至坐失良机，也不要在损失面前破罐破摔，以至无可挽回。与其老想着预防风险，还不如从积极方面入手规避风险，尽可能提高制胜概率。规避风险有九招。

1.以变制胜　所谓“适者生存”，强调的就是“变”，经营者要适应外部环境的变化，随时做出调整。

2.出其不意，攻其不备　核心是一个“奇”字，用出奇的产品、出奇的经营理念、出奇的经营方式和服务方式去战胜竞争对手。

3.以快制胜　机不可失，时不再来，比对手快一分就能多一分机会。对什么都四平八稳、左顾右盼的人必然被市场淘汰，胜者属于那些争分夺秒、当机立断者。

4.后发制人　从制胜策略看，后发制人比先发制人更好，可以更多地吸收别人的经验，时机抓得更准，制胜把握更大。

5.集中优势重点突破　这一策略特别适用于小企业，因为小企业人力、物力、财力比较弱，如果不把有限的力量集中起来很难取胜。

6.趋利避害,扬长避短 经营什么产品,选择什么样的市场,都要仔细掂量,发挥自己优势。干应该干的,干可以干的,有所为,有所不为。

7.迂回取胜 小企业与人竞争不能搞正面战、阵地战,而应当搞迂回战,干别人不敢干的、不愿干的。

8.积少成多,积微制胜 "积少成多"是一种谋略,一个有作为的经营者要用"滴水穿石""聚石成山"的精神去争取胜利,轻微利、追暴利的经营者未必一定成功。

9.以廉制胜 "薄利多销"是不少经营者善于采用的一种经营策略。"薄利多销"前提是能多销,"薄利少销"则不可取。

成功者说

为要避免风险,必须首先知道风险来自哪里,简单的就事论事不行,盲人摸象更不行。要挖出产生风险的根子,从源头上杜绝,靠科学的程序防范。

过目不忘的记忆能力

在意大利小提琴演奏家特利纳萨奇的要求下,莫扎特在1784年晚间音乐会的前一天创作了降B大调钢琴和小提琴奏鸣曲。但他只写了小提琴那部分的谱子,以便特利纳萨奇可以在早上准备。在第二天晚上的音乐会上,莫扎特亲自用钢琴在奥地利皇帝面前伴奏。当皇帝要求看钢琴曲谱时,却只有一张白纸。大多数音乐家、作曲家和演奏家对这个传说并不感到惊讶,他们自称也同样可以做到。但是莫扎特早在14岁的时候就表现出了超凡的记忆力。

当时,莫扎特在父亲的陪同下来到罗马,参加了在西斯廷教堂举行的从星期三到星期五早上的圣礼拜庆祝,伴随着格雷戈里奥·阿列格里的《上帝怜我》。这部音乐作品没有任何乐器伴奏,是一部带有四部重唱的五声部合唱歌曲,在欧洲以其优美的旋律而著称，同时也被蒙上了神秘的面纱。教皇明令禁止在西斯廷教堂和圣礼拜之外唱这首曲子，并严格禁止任何人将此乐谱外传。当年轻的天才莫扎特听完《上帝怜我》后，回到罗马的居室，凭记忆将整部曲子写了下来。

记忆是指人的大脑对经验过的事物进行贮存和再现的能力，通俗地说，就是把某一事物记住，在未来需要的时候就可以把它轻松地从大脑中调出来。

好多伟大人物的记忆力非常好，他们讲话引经据典，出口成章。这表明他们的记忆力、说话的逻辑性都非常强。

记忆品质是衡量记忆力优劣的标准，记忆品质涉及四个方面。

1.敏捷 对同一材料，有些人记得快，花费的时间少；有些人记得慢，花费的时间长。记忆的敏捷与记忆目的明确、注意力集中等有关。

2.持久 指对识记材料保持时间的久远。现实生活中，有的人能把所识记的事物长久地保存在大脑中，而有的人却会很快地把所识记的事物遗忘。加强记忆的持久，必须把识记的材料纳入已有的知识体系，进行及时和经常的复习。

3.准确 对识记材料再认和回忆时没有歪曲、遗漏。如不准确，记忆其他的品质就失去意义。培养记忆的准确，必须认真地识记，要把类似的材料加以比较，防止混淆，使大脑皮层建立精确的神经联系。

4.调用 在必要时能把记忆中所储存的知识随时调用，以解决当前的实际问题。如果一个人的知识、经验在需要时不能灵活地提取，那他头脑中储存的知识再多，也是毫无意义的。

以上四种品质是相互影响、彼此联系的一个整体，每个人在这四种品质上各有长短。从整体看，同时具备这四种品质，才是良好记忆的品质。

提高记忆品质的关键在于训练。记忆训练主要依靠学习、工作、生活。“只要功夫深，铁杵磨成针”。如果饱食终日，无所用心，大脑得不到训练，不仅学不到知识，记忆品质还会衰退。

有人做过这样的实验:一组人坐在舒适的椅子上,甚至半仰着身子,在那里读书;另一组人坐在硬板凳上,从事紧张的演算工作。过了一段时间,前一组人很快就疲倦了,产生了想要入睡的感觉。而另一组人精力集中,精神亢奋。结果后一组人记忆效果要比前一组人高出10%。心理学家库特·赖米恩把这种情形概括为“紧张状态”,是指某种行为向完成状态过渡的趋势。这个时候,人的兴致最高。晚间思维活跃,往往是理解的最佳时间。心理学研究表明,晚上八点到十点,人们的大脑皮层处于最兴奋状态,记忆系统最为活跃,对信息接受能力也最强。此时,最好去重温早上识记的内容,这样就能记得更牢。

你要时刻敦促自己,强迫不已,使自己的记忆系统处于适当紧张状态。等到既定目标达到再松弛一下,那样效果就会更好。

有时,你发现自己正以异乎寻常的速度获取新知识,记忆效能也充分地调动起来,仿佛不知疲倦地为你工作。但是转瞬间,你又会蓦地感到大脑好像出了毛病,运转不灵了,甚至,你感到自己又退回到原来的起点上。为此,你感到悲观失望,甚至怀疑自己的一切努力都将是竹篮打水一场空。

其实这种现象是正常而短暂的,人人都可能遇到,就好像大脑一片空白,所有的记忆能都处于停歇的状态。这种现象,称之为“记忆死亡线”。

一般情况下,学习开始的一段时间,记忆效率很高,用不了多久,你就能摸索出一些掌握这门知识的路数。这时,你的记忆功能就像是加了油的机器,运转得十分轻快。

然而,初步掌握的知识毕竟是有限的。随着知识视野的开阔,你会越发感到该记的东西太多。遗憾的是,正需要记忆能鼎力相助的时候,它却懈怠下来。到后来,它甚至好像完全在原地踏步,再难更进一步了。这时,实际已到了“记忆的死亡线”上了。这时,记忆功能一直在“记忆的死亡线”上慢慢运行着,直至你接触新的学习材料、向新的知识高峰攀登为止。以后,你又开始识记新的东西,而以往的学科知识不再闯入记忆范围。

成功着说

记忆具有用进废退的特性。良好的记忆方法有助于记忆活动取得事半功倍的效果,反之,则会事倍功半。熟练地掌握识记的方法与保持的方法，以及再认与回忆的方法，都有助于提高记忆效率，增强记忆力。

学以致用的实践能力

战国初期，赵国名将赵奢的儿子赵括，自幼读了不少兵书，谈起兵法来头头是道，连他父亲都难不倒他。但是赵奢认为赵括不能当大将。后来秦国攻赵，赵括接受兵权，打仗照搬兵书，结果被秦军围住。赵国40万大军全军覆没，赵括自己也被射死。

许多人都面临着一个巨大的困难：如何把大量日益增长的信息和知识，以及广泛的可利用的资源转化为解决问题的能力，它应是可创新的、实用的、有效的。同样，每个人都不能回避的困难是：如何充分地使用我们掌握的关于个人、家庭和社会的知识，来寻找创造性的解决问题的方法。

如果只有书本上的知识，而不致用，就是死的、无用的知识。

强调学习要与实际相联系，还因为书本知识的正确与否还需通过致用来检验，“实践是检验真理的唯一标准”。书中的东西会瑕瑜参差，人们在学习中如果不辨真伪地兼收并蓄，会造成认识上的混乱。

许多专家学者殚精竭虑，编写而成的现代百科全书，可谓包罗万象、应有尽有。任何一个人只需要花费500元，就能买一套搁在书架上。想要知道某方面的知识时，只要翻开一本，无不得心应手。区区500元，就可以获得一个知识宝库。如果你的特长只是知道了上边的知识，你的身价也不过区区500元。不能活用的知识价值有限，如果你想更快地成功，就得掌握能用的知识。

不管人们是否承认，每个人最为关心的就是人类视为理所当然的事和价值观，它们使人的行为更加趋向于具体的目的。但对于不同的个人和组织，被视为理所当然的事和价值观是迥然不同的。创新思维是跨越鸿沟的最好桥梁，是完成由知识向实践转化的最好方法。它又是将技术和研究成果转化为产品和服务的最好方法。人类假想、价值观和目的间的相互作用导致了人工制品、体系和社会的相互作用，随着知识的不断更新，知识和价值观之间的相互作用也产生了，在跨越鸿沟的桥梁上，知识和价值观起着沟通的作用。

也就是说，尽管知识和信息在今天的社会中仍然是需要的，但我们必须明白仅有知识是不够的，“知识就是力量”这条长期被人们信守的格言应该改为：“知道如何使用知识才是力量”。在当今社会只有新的信条才是适用的，因为对于各种层次的知识和资料，都必须找到使用它们最有效、最可行的方法。

实践活动与认识活动不同，后者终止于理性判断而前者要求人们践行自己的实践观念并对自己的行为后果负责。实践活动一旦失败，必须付出相应的代价。

因此，成功者在作出实践决定之前，都会在头脑中对实践活动的客观要求、自身的实践能力和解决问题的资源环境等进行匹配分析。他们也都坦率地承认，有些问题要么落在自身能力范围之外，要么不具备相应的环境支持，因此只能放弃。比如：心理医生会对拒绝主动改变的求助者放弃治疗；律师会谢绝那些犯罪证据确凿却声称无罪的当事人；司机也坦言不管技术多高、经验多丰富，谁都不能保证什么路面都能行驶。

实践活动中，进行匹配分析的基础来源于两个方面：首先，是对问题情境进行客观、准确、动态性的把握；其次，是对自身能力进行真实、恰当、发展性的评价。具体而言，“实践高手”善于在规定时限内，对实践情境中问题的条件、性质、目标状态、关键环节、可能存在的障碍、变化趋势、紧迫状况以及问题解决所需的知识技能等作出全面、如实的反映。与此同时，他们还能客观评估自身实践能力的现实发展水平和进一步提升的可能性。唯有将自身已具备的素质及潜能与解决问题的要求进行恰当的对比权衡后，才能在特定实践情境中作出正确的实践选择。

一旦做出采取行动的决定，紧接着就要制订行动计划、确定解决方案。问题解决方案是否切实可行，直接决定着人们的实践效果。具备高水平策划能力的实践者总是能够依据问题情境的变化特点，制订高效、可行的解决方案，从而提高问题解决的质量和效率。

正确的实践方案必须配以恰当的执行活动，才能最终完成实践任务。

实践方案的执行是人的智力活动和具体行动的结合过程，是达成实践目标必不可少的途径，也是评定实践效果的有效依据。顺利地实施实践方案，需要具备相应的身心素质，统称为执行力。实践者的专项技能、资源分配能力和意志品质是决定其执行力发展水平的重要因素。

实践活动中，问题情境总是错综复杂的，在执行实践方案的过程中可能随时会遇到各种主客观因素的限制和干扰。这就要求实践者具备较强的自我控制能力和坚韧的意志品质。这是他们最终取得成功的关键因素。

成功者说

实践活动中，许多实践方案的执行都会受到资源条件的制约。如果不善于恰当地进行资源分配，那么实践方案的实施必然会遇到障碍，执行实施方案过程中，人不仅需要调配自身的时间和精力，还要调配实践情境中的各类人员和物资资源，而良好的人际沟通能力是帮助人们有效配置各类资源的可靠保障。

第三章

成功不能靠单打独斗

在通往成功的路上，抱着顽强的态度与执著的精神固然不错，但个人的力量毕竟是有限的。拥有良好的人际关系，学会合作与双赢，借助群体的力量，才能迅速成功。

一个小男孩在院子的沙坑里玩耍。他在沙坑里发现一块巨大的岩石，就开始挖掘岩石周围的沙子，试图把它从沙坑中弄出来。他的力气很小，岩石又很大，他下定决心，用尽了各种方法，一次又一次地向岩石发起进攻。可是，每当他刚刚觉得取得了一些进展的时候，岩石便滑落了，又重新掉进了沙坑。最后，他伤心地哭了起来。

这整个过程，男孩的父亲从窗户看得清清楚楚。父亲来到了他跟前说："儿子，你为什么不用上所有的力量呢？"

"但是我已经用尽全力了，爸爸。我用尽了我所有的力量！"

父亲弯下腰，抱起岩石，将它搬出了沙坑，说："不对，儿子，你并没有用你所有的力量。你没有请求别人的帮助。"

在通往成功的路上，抱着顽强的态度与执著的精神固然不错，但个人的力量毕竟是有限的。拥有良好的人际关系，学会合作与双赢，借助群体的力量，才能迅速成功。

一个人努力不可能成功

1545年,意大利的一位公爵为了让自己永垂不朽,决定委托画家绘制佛罗伦萨圣罗伦教堂的壁画。在众多的候选人中,他最后挑选了庞托莫。

庞托莫不希望别人看到他伟大作品的创作过程,于是把自己封闭起来,从不见外人。他自信米开朗其罗也不如他。他在教堂工作了11年,在此期间他很少离开,而且惧怕和人接触。不幸的是,壁画还没有完成,庞托莫就去世了。后来,人们看到的这些壁画比例完全不对,画面交叠,不同故事的人物并列在一起,数量之多令人眼花缭乱。

庞托莫太执迷于细节了,丧失了构图的整体意识。这11年的创作非但没有将庞托莫的绘画生涯推向高峰,反而毁灭了他,因为他把自己困在封闭的屋子里走不出来了。

人类在本性上是群居的动物。从一般意义上看,人作为一个社会成员,有着强烈的合群需要。交往可使个体在心理上产生归属感和安全感,有助于形成良好的心境,维持机体平衡,保持身心健康。生活中,那些善于和乐于交往的人,精神生活更丰富,身心也更健康;那些孤僻、不合群的人,往往有更多的烦恼和难以排遣的忧愁,有更多身心问题。如果长期无法满足交往需要,就可能由于孤独、寂寞,导致精神失常。另外,从个体健康发展的角度看,人际交往也有着极其重要的意义,因为交往在个体的社会化过程中发挥着不可缺少的作用。

政治哲学家马雅基维利有这样的比喻:在严格的军事意义下,建筑堡垒是一项错误,堡垒会变成力量孤立的象征,成为敌人攻击的目标。原始设计用以防卫的堡垒,事实上截断了支援,也失去了回旋的余地。堡垒可能固若金汤,然而一旦将自己关在里面,人们都知道你的下落,你就会成为众矢之的。围城不见得要成功地攻破,围困就足以将敌人的堡垒变成监牢。由于空间狭小,堡垒更容易受到瘟疫和传染病的侵袭。在战略意义上,孤立的堡垒不但没有防卫功能,而且制造出的困难胜过了它能解决的问题。

长期的离群索居会让人的思想偏离正常状态。那些自命不凡的人或许可以通过沉思默想掌控大局,但是他们却无法意识到自己的局限。而且孤立的状态一旦形成就很难改变,因为他们在不知不觉中,已经把自己深深地陷入了与人隔绝的境地。即使想回到人群中,也因为失去了许多交流的机会而变得非常困难。

感觉剥夺实验 *sensory deprivation*

受试者戴上眼罩,穿上特制的衣服,单独进入一个完全隔音的实验舱里,安静地躺在一张舒适的床上。室内非常安静,听不到一点声音;一片漆黑,看不见任何东西;两只手戴上手套,并用纸卡卡住;饮食事先安排好了,用不着移动手脚。总之,感受不到来自外界的任何刺激。从实验室的观察窗可以看到,实验开始时受试者还能安静地熟睡。稍后,开始失眠,焦躁不安。

受试者坚持的时间一般是 2~3 天,结束实验时,会出现幻觉和轻微的神经官能症。坚持的时间越长症状越明显。这个实验说明,来自外界的刺激对维持人的正常状态十分重要,人不能离开感觉,也不能离开群体。在原始社会,对部落中的罪犯最大的惩罚就是所有人都不理睬他。同样,在现代监狱制度中,对有过失的犯人以单独囚禁作为惩罚。

个体出生时只是一个生物学意义上的人,正常情况下,出生后就进入人际交往。个体在与家人、同伴的交往中,积累了社会经验,学到了社会生活所必需的知识、技能、态度和伦理道德,逐步意识到集体和社会的存在,意识到自己在社会中的地位和责任,学会了与人平等相处和竞争,养成了遵守法律及道德规范的习惯,从而自立于社会,取得社会的认可,成为一个成熟的、社会的人。相反,脱离人类社会的个体,身心难以发展,甚至难以成为真正意义上的人。1920 年,印度发现的名叫卡玛拉的狼孩,出生后就脱离人类社会,同狼一起生活,回到人间时已 8 岁。她不会说话只会号叫,智力低下，虽经过科学家们悉心照料和训练，仍未能实现人的社会化。直到她17岁生命尽头时，也未学会人类语言，智力水平仅相当于4岁儿童。这充分说明了个体与周围人之间的交往在人的健康发展方面的极端重要性。

无论如何，人都不能把自己孤立起来，这是经过科学证明的。人必须与他人保持正常接触，才能在社交中脱颖而出。优越而从容的交际技巧是在与人交往中逐渐培养起来的，离群索居只能导致孤立。那些自命不凡的人孤立地生活在自己的世界里，他们没有意识到自己的渺小与局限，这种孤立的境地使他们孤陋寡闻。

成功者说

在环境不确定甚至十分危险的时刻，人们必须战胜想要退缩的欲念，反其道而行之，让自己更容易与人交流，逼迫自己进入更多形形色色的圈子里，这是自古以来成功者的秘诀。

寻找能助你成功的人

俄国革命后，由于国内战争和外国武装力量的干涉及封锁，俄国经济已凋敝不堪，国内食品供应非常紧张。美国亿万富翁哈默瞅准机会，做起了粮食贸易。在这次贸易中他赚了不少钱，更重要的是因为帮助新生的苏维埃政权解了燃眉之急，与列宁建立了真挚的友谊。

1921年，哈默发现在俄国建铅笔厂是很好的投资。凭借与列宁的关系，他迅速取得了在俄国生产铅笔的许可。但是制造铅笔的技术被德国纽伦堡的德伯铅笔公司垄断了。哈默又通过朋友找到了德伯铅笔公司的乔治·拜尔，许以重金聘他为铅笔厂的工程师。

哈默铅笔厂建成后，第一年的产值就达250万美元，第二年迅速增长到400万美元。

人际交往是指两个或两个以上的社会主体(个体或群体)之间运用语言和非语言符号交换意见,交流思想、感情和需要等过程,包括物质交往和精神交往。

人际交往是人类的需要,是不可缺少的生活方式。人际交往是人们共同活动的形式,任何个人或群体进行的交往,总是为了达到某种目的,满足某种需要而展开的,并通过言语、表情、手势、体态等来实现。

积极的人生态度和良好的人际关系,是事业成功的催化剂,它会使人变得活泼,富有进取精神,充满干劲。冷漠、消极的人生态度和生硬的人际关系,会把自己置于重重障碍之中,限制自己的发展。要想成就事业,就要善于沟通,建立和谐、良好的人际关系。在迈向成功的道路上,一个人孤军奋战是不行的,你必须联系志同道合的朋友,在成功时,相互交流经验和分享快乐;在失败时相互倾诉和鼓励,从而取得更加辉煌的事业成就。有的人认为有价值的朋友很难找到,这是不正确的。实际上,随着通信和运输手段的现代化,人与人之间的物理距离越来越短,唯一能够将人阻隔开的其实是心理距离。良好人际关系,不是一朝一夕就能够建立起来的,需要用真诚和智慧逐渐营造。

六度分离 *six degrees of separation*

美国著名的社会心理学家斯坦利·米尔格兰姆发现了“六度分离”现象。它起源于一个“小世界现象”的假说,意思是任何两个素不相识的人中间最多只隔着6个人,换句话说,只通过6个人就可以将两个陌生人联系在一起。

米尔格兰姆招募到300名志愿者,请他们寄一封信给一名股票经纪人。由于几乎可以肯定信不会直接寄到目标,他就让志愿者把信发送给他认为最有可能与目标有联系的亲友,并要求每一个转寄信的人都发一封信给他本人,以追踪信件的去向。出人意料的是,有60多封信最终到达了目标手中,并且这些信经过的中间人的数目平均只有5个。也就是说,陌生人之间建立联系的最远距离是6个人。

在随后的30多年中，研究人员对六度分离理论进行了反复的计算和验证,发现世界虽然很大,但是如果将每个人的人际关系网考虑进去,人与人的距离其实很小。能够帮助我们的“贵人”其实就在不远的地方。

现代心理学和社会学的研究已证实,良好的人际关系具有四大功能。

首先是产生合力。平时,我们常说的“人多力量大”“团结就是力量”“人心齐,泰山移”,就是指的合力。现代社会分工细化,竞争残酷,单凭一个人的力量无法取得事业上的成就,只有借助众人之力,才可能创造辉煌的人生。而要获得众人的帮助,就必须学会搞好人际关系。

其次是形成优势互补。俗语说:一个篱笆三个桩,一个好汉三个帮。一个人,即使是天才,也不可能样样精通。他要完成自己的事业,就必须善于利用别人的智力、能力和才干。然而,用人并不仅仅雇佣人,要最大限度地调动下属的工作积极性,就必须掌握一定的人际技巧。在一个人开拓自己的事业时,总要遇到自己力所不能及的困难,这时,良好的人际关系则会助你一臂之力,为你扫清障碍。

第三,人是一种感情动物,必须时刻进行感情交流,获得友谊。在迈向成功的道路上,要想坚持到底,仅仅依靠信念的支撑是不够的,还必须有友谊的支持。良好的人际关系会使你获得强大的力量和信心,在成功时得到分享和提醒,在挫折时得到倾诉和鼓励,这必将会有助于你心理的有益平衡,从而有勇气迈向新的征程。

最后,在现代社会中,掌握了信息就等于是把握住了成功的机会。一条珍贵的信息可以使人功成名就,而信息闭塞也可能会使人贻误战机,遗憾终生。广交朋友,善处关系,是一条十分有效地获取信息的途径,这样,你就能够在竞争中始终处于领先的地位,取得事业上的成功。

成功者说

社会关系不仅需要培养,也需要维护。否则“人一走,茶就凉”,会使得已经做出的努力付之东流。不论对上对下、对内对外,良好的人际关系是一笔巨大的投资,会在你需要的时候给你丰厚的回报。

如何影响别人的思想

在二次大战期间，斯大林在军事上最倚重的人有两个：军事天才朱可夫元帅和总参谋长华西里耶夫斯基。

斯大林在晚年逐渐变得独裁，"唯我独尊"的个性使他不允许有人比他高明，更难接受下属的不同意见。提出正确建议的朱可夫曾一度被斯大林赶出了大本营。但有一人例外，他就是华西里耶夫斯基。他的妙招之一便是潜移默化地在休息中施加影响。

华西里耶夫斯基喜欢"闲聊"，并且会"不经意"地"随便"说说军事问题，既非郑重其事地大谈特谈，也不是讲得头头是道。由于受了启发，等华西里耶夫斯基走后，斯大林往往会想到一个好计划。不久，斯大林就会在军事会议上宣布这一计划。

华西里耶夫斯基在和斯大林交谈时有意识地犯一些错误，给斯大林充分的机会去纠正错误，表现其英明，然后把自己最有价值的想法含混地讲给斯大林，由斯大林形成完整的战略计划公开"发表"。斯大林的许多重要决策就是这样产生的。

作为一个朋友，仅仅"认识"是不能让他成为你成功的助力器的。在现实世界中，很少人能够做到事事亲为，尤其是希望做大事的人，更不能离开与他人的合作。那么如何才能让他人真诚与你合作呢？除了现实的利益基础，还要靠出色的影响力和高超的说服力，让别人同意你的看法，按照你的计划去行事。

美国心理学家 T·理瑞归纳出人际交往行为的八种模式如表。

	主动行为	反应模式
正效应	管理、指挥、指导、劝告、教育	尊敬、服从
	帮助、支持、同情	信任、接受
	同意、合作、友好	协助、温和

	主动行为	反应模式
正效应	尊敬、信任、赞扬、求援	劝导、帮助
负效应	害羞、礼貌、服从	骄傲、控制
	反抗、怀疑	惩罚、拒绝
	攻击、惩罚、不友好	敌对、反抗
	激烈、拒绝、夸大、炫耀	不信任、自卑

从表中可以看出，构成人际关系的成员在彼此接触中，利用言语和非言语形式，进行信息交流，必然会影响对方的心理和行为，表现出一定的互动效应，这种互动效应表现为引发依从行为（实施影响方）或表现出依从行为（接受影响方），比如汽车商怂恿消费者接受高价，或者珠宝商建议顾客买更大的珠宝。

那么，有什么方式能够使对方做出你愿望中的依从行为呢？

最主要的方式是言语劝说。劝说是双向的思想交流，而实质是有目的的说服过程。通过劝说，能使双方的认识、理解、观点渐趋接近，达到转变思想、解决矛盾的目的。然而，劝说的对象是有思想和观点的成人，要达到劝说目的并不容易。有人费尽口舌却毫无效果，而有人却能使被劝说者心悦诚服地改变原有态度。影响劝说效果的因素是多方面的，劝说成功与否，既取决于交谈双方的主客观条件，又取决于劝说者的谈话技巧。

与谈话相比，行为更具有说服力。这是因为从众是群体对个体的重要影响效应，要使个体依从某一指示，可以通过营造一种信息性影响的情形，使个体发生类似于从众的行为，参照和采纳群体的行为。因此，示范行为将有助于促成依从行为。

浴室试验 *the bathroom study*

美国加州大学圣克鲁兹分校的管理者希望学生们节约用水。管理者认为贴一张告示就能约束学生的行为。告示要求洗浴者按照以下步骤节约用水："淋湿，关水，打肥皂，冲洗干净"。在五天的时间里，只有 6% 的人按照建议程序洗澡。当告示被更显眼地固定在浴室门口的三脚架上时，依从者增加到19%。但是有的洗浴者会很厌烦地把它打翻在地，然后冲洗更长时间。心理学家阿隆逊建议将所有的告示撤除，由一名模特来示范适当的洗浴行为。当浴室空无一人时，示范者打开水龙头，背朝浴室入口等候有人进来。一旦他听到有人进来，就按照程序关水，打肥皂，冲洗干净然后离开。这种情况下，有49%的人发生了依从行为。当采用两名模特时，示范效应影响了67%的人。

在人际交往中还广泛存在着互惠原则，也就是当你为某人做了些事情，那人就会觉得应该为你做些事情。心理学研究表明，即使是非常小的恩惠也能引导受试反过来给予比较大的恩惠。这种以小利追求大利的策略，实质上是从互惠原则衍生出的一种依从技巧，即迫使对方回报相应的善意举动。与之类似，如果做出了小的让步，对方就还有可能承诺一些更重要的事情。一些研究表明，那些同意接受较小请求（例如在请愿书上签名）的人，接下来更有可能同意接受较大的请求（在草坪上立大标志牌），这通常被称为“登门槛技术”，即一旦有一只脚跨入了门槛，就能利用承诺增加随后的依从性。

成功者说

我们发现，我们会受一些影响去做一些自己不愿意做的事情。因此，我们有必要采取一些策略去抵制这种不良影响。尝试忽略毫无意义的恩惠，避免愚昧地去追求同某些人保持一致，行动之前必须先做理性思考。

发挥情绪的感染力

越南战争初期，一队美国士兵在稻田与敌人激战。这时，战场上突然出现了六个和尚，他们排成一队走过田埂，毫不理会猛烈的炮火，镇定地一步步穿过稻田。

当时的指挥官大卫·布西在回忆那段往事时说："这群和尚目不斜视地笔直走过去，奇怪的是竟然没有人向他们射击。他们走过去以后，我突然觉得毫无战斗情绪，至少那一天是如此。其他人一定也有同样的感觉，因为大家不约而同停了下来，就这样休兵一天。"

心理学认为中，说服与感染的作用是完全不同的。被说服者一般是处于理性状态，随时可能因为客观环境的变化而改变。但被感动的人的依从心理已经直达内心，将依从行为内化为主动行为。

在每次与人交往中，我们都在不断地传递着情感信息，影响着周围的人，同时也在不断接受他人的情感信息。在多数的情况下，感染比较间接与隐秘，不为大多数人察觉，但感染作用确实存在。人们都喜欢与热情开朗的人接近，从他们身上可以感受到勃勃向上的生命的力量，难道他们不曾忧郁、悲伤与痛苦吗？当然不是，他们所掌握的不过是懂得如何将情绪在合适的时间和合适的地方投射到他人身上。

人际关系的一个基本定理就是情绪的相互感染，这是影响力的一个重要体现。人们在交往中，彼此传输和捕捉相互的情绪信息，并汇聚成心灵世界的潜流，通过这股潜流的涌动来感染影响对方的情绪。对这种情绪控制的能力越高，社交中的影响力就会越大。

人际吸引过程 *process of interpersonal attraction*

根据心理学家勒温格和斯诺尔克的研究，人际关系发展过程按彼此吸引的过程看，大致可以分为五个阶段。

第一阶段：陌生，互不相识，可能均未注意到对方的存在。

第二阶段：单方（或双方）注意到对方的存在，知道对方是谁，但没有接触。

第三阶段：单方（或双方）受到对方的吸引，与之（或彼此）接近，形成表面接触。第一印象就在此阶段形成。

第四阶段：双方交互感动，有了友谊。此时，开始把对方视为知己，愿意分享信息、意见和感情。对人开放自我的心理，称为自我表露。

第五阶段：在感情上相互依赖，尤其在痛苦和快乐这两极情感状态时渴望朋友在身边。如双方是同性，则成为至交；如是异性，就可能上升为爱情。

通常情况下，前三个阶段发展一般会顺利，到第四阶段就不容易了。

人们在交往时，情绪传递的方向总是从表达能力较强的一方指向相对被动的一方。某些人特别容易受情绪感染，极易动情。

善于顺应他人情绪或使他人情绪顺应你的步调，必然能够提升影响力，并建立良好的人际关系。成功的领导和富有感染力的演讲家都具有这一特征，能用这种方式调动千万人的激情和眼泪。

一般的爱憎分明没有这么直接，而是隐藏在人际接触的默默交流中。在每次接触中彼此的情绪交流感染，仿佛一股不绝如缕的心灵暗流，当然并不是每次交流都很愉快。这种交流往往细微到几乎无法察觉，譬如说，同样一句“谢谢”，可能给你愤怒、被忽略、真正受欢迎、真诚感谢等不同的感受。情感的感染无所不在。

情绪的感染通常是很难察觉的，专家做过一个简单的实验，请两个实验者写出当时的心情，然后请他们相对静坐等候研究人员到来。两分钟后，研究人员来了，请他们再写出自己的心情。注意这两个实验者是经过特别挑选的，一个极善于表达情感，一个则比较内向。实验结果，后者的情绪总是受前者感染，每一次都是如此。这是因为人们会在无意识中模仿他人的情感表现，诸如表情、手势、语调等，从而在心中重塑对方的情绪。这有点像导演所倡导的表演逼真法，要演员回忆产生某种强烈情感时的表情动作，以便重新唤起同样的情感。

成功者说

感动他人有以下四个原则：对方无论对错，都有其理由，因此要尊重对方；让对方感到他是重要的；投其所好；发自内心的感情。如果你成功地感动了他人，对方的本能防线就会完全崩溃，这时你就可以尽你的所能，最大限度地施加你的影响了。

留下良好的第一印象

心理学家A·鲁钦斯做过这样的实验。给两组学生观看同一个人的照片。在看照片之前，对一组学生说，照片上的人是一个十恶不赦的罪犯；对另一组学生说，照片上的人是一个著名的学者。然后让这两组学生分别据这个人的外貌来说明他的性格。

结果，他们对同一张照片做出了截然不同的说明。第一组学生说：那深陷的目光里隐藏着险恶，而高高的额头表明死不悔改的顽固。第二组学生说，深沉的目光表明他思想的深刻，高高的前额表明他在科学探索道路上的无坚不摧的坚强意志。

心理学家说，你永远无法给一个人第二次留下第一印象。这称为“首次效应”，就是指素不相识的双方经第一次交往留下的印象，对双方继续交往产生的影响。一般而言，第一印象好，双方继续交往的积极性就高，良好的关系就可能逐渐形成与发展；反之，则可能无法建立亲密的关系。首次效应之所以会产生深远的影响，就在于它能起泛化作用。

凡被人感知过的事物，都会在人脑中留下一定印记，但印记的深浅不同，因而在头脑中保留的时间也明显不同。新异的事物容易引起情绪、情感的剧烈波动，能在头脑中留下深刻的印记，保留的时间较长。由于交往双方是第一次接触，彼此都有新异的感觉之心，对对方言行特别敏感，因而容易留下鲜明的印记。这种印记一旦形成,就具有相对稳定性,不容易消除,只有在重大事件的强烈刺激下,才会被新的印记掩蔽,从根本上转变对对方的看法。

另外交往双方首次接触提供给对方的信息是有限的,但在知觉整体性特征的影响下,凭借有限的信息同样能构成整体印象,形成基本的看法,这种看法就可能对人的言行做出具有倾向性的评价。

首因效应 *first effect*

心理学家研究发现,相貌和性格因素对第一印象的形成有重要影响。

虽然一般认为对人评价不应以貌取人,但对方的相貌是影响观察者第一印象的重要因素。心理学家克里夫得和华斯特尔,将一份载有各项记录的小学五年级学生的资料卡复印若干张,并分别贴上不同的照片,然后,请多位五年级教师根据照片与卡片的记录推测学生的能力。结果发现教师们不约而同地评定相貌好的学生智力较高。

与人初次接触,一定也会注意到对方在言行举止上表现出的性格特征,而性格特征表现出来的先后顺序也影响第一印象。心理学家阿什将同样的六种性格特征以不同的顺序排列,并分别假设属于A和B两人。A的性格特征是精明、勤勉、冲动、善辩、倔强、忌妒;B的性格特征是忌妒、倔强、善辩、冲动、勤勉、精明。然后让同样的受试者凭感觉评定对两人的印象。结果发现,受试者多对A有正面的印象。

那么如何才能给人以良好的第一印象呢?美国心理学家安德森列出550个描绘人品的形容词,让大学生指出其中所喜欢的品质,结果表明,待人真诚在交往中最受人们喜欢。待人真诚可表现在许多方面,而讲真话、实事求是是最为重要的。有的人口是心非、半推半就、转弯抹角、虚情假意,这种人是不受欢迎的,即使别人对虚伪者不予当面揭露,但心中非常清楚。真诚多体现在承诺方面。有的人为了显示自己的才能,取得他人好感,喜欢作虚假承诺。言过其实不仅使对方对你的人品怀疑，而且承诺不能兑现，则会使承诺者的形象一落千丈。由于首次交往中，双方都十分敏感，稍有不注意就可给对方留下不良印象，给继续深交带来不利。

成功者说

言行是人际交往的主要形式，也是一个人素质、修养水平的具体体现。稳重大方、温文尔雅的言行受人尊重，而轻浮虚伪、粗俗不雅的言行使人生厌。在与人初次接触时，如果希望给对方留下美好的印象，应尽量把自己的优点表现出来。

互相悦纳是合作的基础

三国的时候，陈琳是袁绍的谋士，他非常有才华。有一次，袁绍打算进攻曹操，令陈琳写檄文。陈琳用了不到一炷香的时间就完成了三篇檄文，他把曹操骂得狗血喷头，连曹操的父亲、祖父都一同骂了。看了檄文之后，曹操气得火冒三丈。

毕竟曹操在三国中实力最强，他兵多将广，那场战争的结果是袁绍兵败，陈琳被俘。曹操手下的人都劝他将陈琳的头砍了，省得他再骂人。但是曹操没有那样做，他钦佩陈琳的才华，不但没有杀他，反而抛弃前嫌，委以重任。曹操的高姿态将陈琳感动得痛哭流涕，后来，他为曹操出谋划策，立下了赫赫战功。

俗语说：将军额头跑得马，宰相肚里能撑船。就是说，像将军、宰相这样的成功人士，心胸宽广，能接纳别人。

三国时代叱咤风云的人物曹操有着政治家的胸怀，他广纳贤士，笼络人才。周瑜是东吴的大督都，他雄才大略，赤壁之战，他指挥了孙吴联军大败曹操。其间刘备的军师诸葛亮用“草船借箭”“借东风”等计谋帮周瑜共御曹兵，显出智谋超群，引得周瑜妒意发作，多次与诸葛亮暗中较量，屡屡失利，气得周瑜吐血。后来，周瑜用美人计，骗刘备去东吴成亲，被诸葛亮将计就计,最后是"赔了夫人又折兵",活活气死了周瑜。

宽容待人,是成功者的风度,这种风度不是装出来的,而是灵魂深处的修养。只有真正放开胸襟,宽容待人,才能取得成功之冠上的宝石。

有的人总期待对方是十全十美的交往伙伴,有时甚至把连自己都难以做到的要求强加于对方,一旦事与愿违,交往就受到阻碍。在人际交往中,我们也应记住孔子的话:己所不欲,勿施于人。每个人都会有不足之处,我们在交往中既要学会从他人身上获得宝贵的资源,同时也要学会宽容他人的不足。

对意见、习惯和信仰与你不同的人,一定要有悦纳的胸怀。一个宽容的人,能够对那些与你不一致的人表示友好与接受。宽容大度是美德、友善、明智与慷慨这些高贵品质的综合体现,不仅对你的生活具有很大的价值,而且对工作也有重要意义。

交往模式 *communication mode*

促进性的人际交往关系有两种不同的模式。

最常见的是相似模式,即"物以类聚,人以群分"。人的集群自然有种种原因,彼此相似是人们集群的重要原因。柴可夫斯基说:"意见和感情的相同,比之接触更能把两个人结合在一起,这样两个人尽管隔得很远,却也很接近。"现实生活中,有利于人与人之间彼此吸引的相似因素可归纳为三大类:兴趣和爱好相似、经历和地位相似、态度和观点相似。

其次是互补模式,即选择与自己有不同特征的人交往。在这种关系中,交往双方达成共识,承认自己存在无法克服的缺点,又迫切需要以对方的优点来弥补自己的不足。人与人之间多少会存在互补因素,但某些人之间却未必感到有交往的必要。这说明交往是以满足某种需要为前提的,如能从对方获得自己所缺乏的东西,就存在交往的可能性。

两种交往模式都以接纳为必要前提。所谓接纳,是指接纳对方的态度与意见,接纳对方的观念与思想,对他为人处世方式,不但感兴趣,而且赞许。

德国神学家肯比斯说过："我们很少用同样的天平去衡量邻居。"这大概是因为我们了解自己造成过错的背景，因而对自己的过错就比较容易原谅。即使我们有时不得不正视自己的过错，还是常把注意力集中于别人的过错上。很多时候，你发现别人对你说谎，也许你会怒气冲天，进行严肃的批评和谴责。可是，问问你自己吧！你是不是从来都没有说过谎？也许比别人说的谎还要大还要多呢！一个人不要只宽容自己，轮到评判他人的缺点和过错时也要客观。

尝试着把你日常生活中的言行及想法，不管是付之行动的还是尚未实行的，都记录下来，你会惊讶地发现，同样是人，别人有他的恶，也会和你一样有他的善。这样你就应该宽容他人，如同宽容自己一样。

成功者说

古人说："江海所以能为百谷王者，以其善下之。"能做成大事的人，必须信守"唯宽可以容人"的原则，这好比海是宽广的，做人应该有海一样的胸怀，可以纳百川之水。

用信任建筑成功的大厦

一个美国人，父亲早逝，留下了一堆债务。若按常规，欠债人已去，遗产拍卖分掉，债务差不多也就算了。但这个人拜访了所有的债主，保证父亲留下的债务分文不少地偿还，只希望能够宽限一段时间。后来他历20年，把父亲留下的债务连本带息还清了。周围的人都非常感动，知道他是一个可靠之人，都非常愿意和他做生意。从此，他的生意越做越大，成了远近闻名的商人。

孔子的弟子曾参有句话："吾日三省吾身。为人谋而不忠乎？与朋友交而不信乎？传不习乎？"作为一个有德行而对社会有责任心的人，在社会交往中诚信是做人的美德。"君子养心莫善于诚，至诚则无他事矣。"为官从政要"谨而信"，"敬事而信"，"言而有信"。孔子说："信近于义，言可复也。"一个做事、做人都不讲信用的人，是很难在社会上立足的，因为人们均不齿于那些言而无信的人。所以，孔子说："言而无信，不知其可也。"

真诚与守信在交往中具有第一位的重要意义。因为交往最基本的心理保证是安全感，没有安全感的交往是难以发展的。只有抱着真诚的态度与人交往，才能使对方有安全感，容易引起对方情感上的共鸣。若一个人虚情假意，口是心非，那么交往中就会让人感到不安全，时时处处小心翼翼，就不可能相互理解和信任。

根据人本主义心理学家马斯洛的需要理论，安全需要仅次于生理需要，是人的基本需要的一种。同时，由于生理需要是对人际关系依赖程度很小的需要，更显示出安全感在人际交往中的重要。也就是说，一个不能给人带来安全感的人，无论他在其他方面是多么的优秀，都不容易被人接受。在心理学上，可以用"晕环效应"来说明这一现象。

晕环效应 *circle effect*

美国心理学家H·凯利把55名学生分为两组，分别向学生介绍一位新任的教师A。介绍的内容有两部分,一部分是A的基本情况,A是一个既好学又有教学经验和判断能力的人,这个情况对两个组介绍的都一样。另一部分情况介绍的就完全不同了。对第一组介绍的是"A为人热情";对第二组介绍的则是"A为人冷漠"。介绍之后,令A在两个组分别主持20分钟的课堂讨论,然后让学生陈述对A的印象。

首先,两个组学生对A的印象很不一样。第一组的印象是A有同情心,会体贴人,有社会能力,富有幽默感;第二组的印象则相反,A严厉、专横。两个组的学生发言情况也很不一样,第一组积极发言的达56%,第二组积极发言的仅32%。这种现象表明,大学生对A不仅有一定的看法和印象,而且行为上也有一定的倾向。

"晕环效应"是指在人际关系中形成的一种夸大了某种特质的心理倾向。这种特质越接近基础性的地位,晕环效应就越强烈。例如某人劣迹斑斑,但是仅限于小偷小摸,而另一个人行为良好,只是偶然因激怒而杀人,人们就会觉得后者更具有危险性。

丘吉尔说过:在国际关系上,没有永恒的朋友,只有永恒的国家利益。有的人认为这句话也适用于人际了,那就错了。事实证明,人们愿意与诚实守信的人交往。还有句话说:你可以在所有的时间欺骗一个人,也可以在一个时间欺骗所有的人,但是你不可能在所有的时间欺骗所有的人。所以,诚实的人可能要在成功的路上艰苦跋涉,但靠欺骗是永远无法取得真正成功的。

只有在真诚的基础上取得他人的信任,交往中才有可能设身处地地站在对方的立场上理解对方的思想情感,才有可能影响和改变对方的情绪。如果你对某个人连起码的信任都没有,那么他的言行就不可能有效地左右和改变你的情绪。

中国人特别崇尚忠诚和信义,因为诚信是为人处世的根本。而"信、智、勇"更是人自立于社会的三个条件。诚信是摆在第一位的。"信"是一个会意字,"人、言"合体。《说文解字》把信和诚互为解释,"信即诚,诚即信。"古时候的信息交流没有别的方式，只能凭人带个口信，而传递口信之人必须以实相告，这就是诚信的本义。“言必信，行必果，诺必诚”，这是中国人与他人、与社会交往中的立身处世之本。靠这个道德原则来规范自己的言行，这和西方的契约精神有所区别。在中国古人的观念中，法和刑是同义的，因此遇到问题不是靠打官司去解决，而是靠协商解决，在相互谦让的基础上通过调解达到一致，不希望闹到“扯破脸皮”“对簿公堂”的状态。有些受骗上当的人往往在事后采取忍让和不再交往的办法，因为他们对自己的要求并未改变，依然坚持用诚信的态度处世为人。完全靠道德的约束而忽视法制的作用，在现代社会已被证明是不可行的。然而，“诚信”在法制化的前提下随着社会文明的发展仍会越来越重要。

成功者说

人要成大事，就要做到诚挚待人，光明坦荡，宽人严己、严守信义。只有这样，才能赢得他人的信赖和支持，从而为事业发展打下良好的基础。

理解是交往的润滑剂

美国总统亚伯拉罕·林肯出生于一个鞋匠家庭。竞选总统前夕，他发表演说时遭到了一个参议员的羞辱："林肯先生，在你开始演讲之前，我希望你记住你是一个鞋匠的儿子。"

林肯沉默了一会儿，说："我非常感谢你使我想起了我的父亲，他已经过世了。我会永远记住你的忠告，我知道我做总统无法像我父亲做鞋匠做得那么好。"

他对那个傲慢的参议员说："就我所知，我的父亲以前也为你的家人做过鞋子。如果你的鞋不合脚，我可以帮你改正它。虽然我不是伟大的鞋匠，但我从小就跟随父亲学到了做鞋子的技术。"然后，他又对会场上所有人说："如果你们穿的那双鞋是我父亲做的，而它们需要修理或改善，我一定尽可能帮忙。但是有一件事是可以肯定的，我无法像他那么伟大，他的手艺是无人能比的。"说到这里，林肯流下了眼泪，所有嘲笑都化成了掌声。

矛盾是无处不在的，正如俗话所说：居家过日子，没有饭勺不碰锅沿的。化解矛盾是一门艺术。如果能自如地应对矛盾和尴尬，避免冲突，就能达到求同存异，和谐发展的双赢局面。

通常，人们喜欢和与自己有共同之处的人交往。我们发现，在一段时间的交谈后，发现对方有和自己相同的境遇，是一件令人兴奋的事情。这是因为，和自己的共同之处越多，就越容易相互理解，相互交往也就越容易。如果总是强调差异，就不会相处融洽。强调差异会使人与人距离越来越远，甚至最终走向冲突。把自己融进对方，让两人变为一人。这个时候，无须恳求，两人自然就会合作。唯有先站在同一立场上，两人才有合作的可能。就算是对手，你也得先和他有共同的利益关系，方可走到一起。

如果你对别人不满，那也是非常正常的心理现象，但是不要在众人面前向对方表达你的不满，以维护他的自尊。对方愤怒、悲伤时，不利于理性思考问题，应该等待双方冷静下来后再沟通比较妥当。避开喧闹的环境，在幽雅的场所表达不满能更好地表现出你的诚意，对方也容易在放松的心境下接受你的意见。

提意见之前，如能先肯定对方的正确行为，将能更好地传达你对对方的真诚理解，使对方心悦诚服地接受你的意见。而贬低对方的人格，嘲笑对方的不足，进行人身攻击，拉大嗓门、拍桌子、摔椅子示威，以此给对方加压，是具有破坏性的。

要记住，你付出什么，就收获什么。如果合作愉快，你们之间就会有默契。通常只有当你和别人融洽相处时，才会产生这种默契。

心理换位 *Empathy*

在交往中必须学会心理换位，包括同情和移情两种能力。

同情是理解他人情绪情感的能力。有些时候，注意到他人的情绪反应，如喜悦、悲伤、愤怒、怨恨等，就能知道他人此时此地处于什么样的情绪状态，但并不能理解他人为什么会有那样的反应。如果在交往中，能真正站在对方的立场，理解对方在一定情境下所表现出来的情绪，那么彼此的交往就会收到良好的效果。

所谓移情，就是当知觉到他人有某种情绪体验时，可以分享他的情绪、情感。这种分享并不仅仅意味着同情，而是指对他人的情感产生情绪性反应。在人际交往中，移情的能力可以使人与人之间相互理解，和谐相处，有助于建立良好的人际关系。

尴尬是一种偶然的人际关系冲突，任何人际环境只要出现了偶发性的不协调事件，就可能出现尴尬场面。

尴尬的产生一般有以下几点原因：每个人都有心理敏感区，当你触及别人的心理敏感区，就会使别人陷入尴尬状况；人与人之间的差异是客观存在的，处理问题要因人因事而异，否则就会出现尴尬场面；有的人不管什么场合、对象和别人的心情，只管自己痛快，想怎么说就怎么说，也会伤害到别人。

身处尴尬之中，有时只是短暂的不自在而已，时过境迁，并不会在心灵深处留下什么有害的印记。但是,严重的尴尬反应会引发人际矛盾与冲突,对人际关系起破坏作用。

尴尬多半是在交往者缺乏知识经验和交往技巧的情况下出现的。如果具有丰富的知识经验,能灵活运用各种交往技巧和方法,许多尴尬场面或许不会出现,即使出现也能得到缓解。

幽默不仅能消除烦恼、增添快乐、活跃气氛,还能解决纠纷,化解尴尬。每个人的心里都会有些痛处,一碰就容易心浮气躁。这时不妨唤醒你潜藏的幽默感,收集一些巧答妙对来应付那些难听的话。

要想成为幽默的人,必须有广博的知识。虽然不必对任何问题都像学者那样研究得很透,但起码应知道些皮毛。只有知识和见闻极其丰富,才能通达事理、分析透辟。语言表达上还要做到运用自如、妙语连珠、诙谐动人。懂得越多,你与别人交谈时可谈的话题就愈多。

成功者说

一个懂得交际的人,要能够见人说人话,见鬼说鬼话。也就是要了解交谈对手的兴趣所在,这样双方才能谈得来,谈得投机。而这些都要有广博的知识和知人能力做后盾。

提升你的亲和力

在大选来临之前，英国女政治家玛格丽特·撒切尔夫人所在的保守党面临一个难题——如何制止颓势？撒切尔夫人的解决办法是令人信服的，她说："我们只有一个办法，走出去，到选民中去。这样就会最终获胜。"

保守党的工作人员觉得，和撒切尔夫人在一起搞竞选很累。她在大街上东奔西跑，走家串户。一会儿在这家坐坐，同房东交谈一会儿，一会儿又同那个握握手，或向坐着扶手椅的人问长问短，一会儿又到商店询问价格。大部分时间，她带着秘书黛安娜跑来跑去。午饭时，他们就到小酒店和新闻发言人罗伊·兰斯顿以及委员会的其他成员一起喝啤酒。然后，她又去握更多人的手，参加集会演说，接见更多相识的人。撒切尔夫人身体力行，赢得了越来越多的拥护者。

亲和力是交际能力的综合体现。它一方面表现为能导引人际交往，另一方面表现为被其他人认可。

亲和力强的人具有与人为善的心态。他不觉得人丑恶、讨厌、难缠，而认为人是善良、有趣、讲理。在与人交往时，他会采取主动、友善、积极的态度，在他的感染下，对方也会采取相同的态度，双方的交往会感到愉快和满意。

一个人具有与人为善的心态，喜欢与人交往，在与人交往中经常体验到愉悦，那么，这个人就会具有很强的亲和力，亲和力会给他的生活带来很大的帮助，给他的事业带来成功的机遇。

一般而言，有亲和力的人在他人眼中有益、无害。有益是指能给人带来实际的利益和心理上的满足，无害是指攻击性不强。

仰巴脚效应 *pratfall effect*

心理学家研究发现，最为人所欣赏者是精明中带有缺点的人。心理学家阿隆逊将四卷录影带分别播放给四组受试者观赏，让他们凭感觉评分，以表示他们对被访者喜欢的程度。录影带的内容都是访问员与受访者面谈，四卷录影带中的人都是一样的，只是事先的介绍以及访问过程不相同。

第一卷：将受访者描述成能力杰出的大学生，给人的印象是完美无缺的。第二卷：将受访者描述成能力杰出的大学生，但是在受访中有些紧张，将面前的咖啡打翻，弄脏了新衣服。第三卷：将受访者描述成普通的大学生。第四卷：将受访者描述成普通的大学生，而且在受访中紧张得将咖啡打翻。

经分析评定结果发现，大家最喜欢的是第二卷中的受访者。精明的人犯点小错，不仅是瑕不掩瑜，反而成了优点。按照研究者的解释，一般人与全然无缺点的人相处，会因己不如人而感到不安，一旦发现精明人也和自己一样有缺点，就会因为他也有平凡的一面而使自己感到安全。

那么，如何才能给人有益感呢？除了学会"雪中送炭"外，最简便、心理效果最强的就是赞美别人。

赞美的作用永远都会胜过批评。要建立良好的人际关系，恰当的赞美是必不可少的。心理学家马斯洛认为，荣誉和成就感是人的高层次的需求。一个人具有某些长处或取得了某些成就，他需要得到社会的承认。如果你能以诚挚的敬意和真心的赞美满足一个人的需求，那么他会变得更愉快、更通情达理、更乐于协作。恰当地赞美别人，会给人以满足感，所以在交往过程中，我们要学会发现对方的闪光点，学会恰到好处地赞美他人。

人们都愿意和亲和力强的人交往。如果某个人在与人交往中表现傲慢、冷漠，那么会使别人感到不快、受到侮辱，因而不愿意和他交往；如果某个人在和他人交往时表现害羞、胆怯、缩手缩脚，那么，别人和他打交道时也会觉得不那么舒畅，虽然不会引起别人的厌恶，但也影响交往的质量，无法达到心灵的共鸣。如果一个人有很强的亲和力，与人交往时不但容易沟通，顺利地实现双方的愿望，而且会使双方感到愉快。

成功看说

一个亲和力很强的人对人对己都有很强的理解力和洞察力。他知道自己是一个怎样的人，知道自己的优点和缺点，对自己既不夸大也不妄自菲薄；对别人能够体察入微，认识到别人的个性、爱好和禁忌；在与人交往时，不把别人看得过于高大，以至使自己害怕，同时又能尊重别人。

善处世者方能成功

美国将军巴顿毫无城府，不但使上司颇为难堪，自己也失去了不少人缘，被同事们称为“和平时期的战争贩子”。1925年巴顿担任师部的一级参谋，一年后晋升为三级参谋。他的工作主要是负责对战术和部队的训练提出建议并进行检查，但他经常越权行事。1926年，他观看了第22旅的演习，对这次演习非常不满。他直接向旅指挥官递交了一份措辞激烈的意见书。他的做法是纪律所不允许的，他只是一名少校，无权指责一名准将。这样，他便招致了上司的非议和怨恨。

但巴顿并没有吸取教训。1927年，在观看了一场营级战术演习后，他又一次发火，指责营指挥官和其他人员训练不够，准备不足，没有达到预定的目的。虽然这次他很明智地请示司令部副官代替师长签了名，但其他军官心里很清楚，这又是巴顿搞的鬼，所以联合起来一致声讨巴顿。众怒难犯，师长没有办法只好把这位爱“放大炮”的参谋撤下来。

一个人立身处世，如果斤斤计较、处处与人摩擦，即使他本领再大，也会使自己壮志难酬。但是一个人如果八面玲珑、圆滑透顶，总想让别人吃亏,自己占便宜,则必将众叛亲离。因此,做人处世,必须能屈能伸,可方可圆,外表大度圆融,内心见棱见角,二者相辅相成,缺一不可。

年轻人未经社会的打磨,总会呈现出棱角,容易碰壁。为了减少前进中的阻力,为了集中精力去实现自己的理想和愿望,必要时应该做出某种让步或妥协,即用“圆”的方法去取代“方”的精神,像舟行于江河,处处有风浪,有阻力,而一个人如果以“方”处之,竭尽全力与阻力较量,即使精力耗尽,也难顺利前进。

印象管理 *impression management*

所谓印象管理,就是在交往中通过某种方式促使他人对自己形成某种印象。人们通过各种方式对自己进行整饰,以给他人产生自己所预期的印象。

可以说,关注自我的形象,进行恰当的印象管理,是人类文明的标志、是个人修养的象征。目的在于使交往对象产生良好的情绪体验,达到建立协调的人际关系,使交往顺利进行的目的。但必须注意的是,印象管理只是人际交往的辅助手段,日常交往中不能仅仅追求个人形象的设计而忽略自身素质的提高,更不能通过印象整饰来欺骗他人,那样只会在交往中蒙蔽一时,最终还是不能取得真正的交往成功。

真正聪明的人从来不显示自己的智慧和勇气,因为他知道,只有这样才能更好地获得别人的尊重。让别人知道你,但不要让他们了解你的底细,没有人看得出你才能的极限,也就没有人对你感到失望。让别人猜测甚至怀疑你的才能,要比完全显示自己的才能更能获得尊重。要不断地培养他人对你的期望,不要一开始就展示。隐瞒你的力量和知识的诀窍是要胸有城府。

一个人即使是天才,若丝毫不懂收敛,也是很难立足的,而且会招致厄运。露锋芒是正常的,但应认清形势,把自己的位置摆正才能做到自我保护。心无城府会把自己陷入不利之地。

一个人真正做到不较真、能容人,也不是简单的事,首先需要有良好的修养、善解人意的思维方法，并且需要从对方的角度设身处地地考虑和处理问题，多一些体谅和理解，就会多一些宽容、和谐和友谊。比如，有些人一旦做了官，便容不得下属的缺点，动则横眉竖目，使属下畏之如虎，时间久了，必积怨成仇。想一想天下的事并不是你一人所能包揽的，何必因一点点毛病便与人生气呢？

有位智者说，大街上有人骂他，他连看都不看，根本不想知道骂他的人是谁。因为人生如此短暂，要做的事情太多，何必为这种令人不愉快的事情浪费时间呢？这位先生的确颇有涵养了，知道该干什么和不该干什么，知道什么事情应该认真，什么事情可以不屑一顾。要真正做到这一点很不容易，需要长期的磨炼。

成功者说

如果我们明确了哪些事情可以不认真，可以敷衍了事，我们就能腾出时间和精力，全力以赴地去做该做的事，成功的机会和希望就会大大增加。与此同时，由于我们变得宽宏大量，人们就会乐于同我们交往，我们的朋友就会越来越多。

让人三分又何妨

大文豪萧伯纳赢得很多人的尊敬和仰慕。据说他从小就很聪明，言语幽默，但是年轻时的他特别喜欢出风头，说话也尖酸刻薄，谁要是被他评价一句，便会有体无完肤之感。

后来，一位老朋友私下对他说："你现在常常出语幽默，非常风趣可喜。但是大家都觉得，如果你不在场，他们会更快乐，因为他们比不上你，有你在，大家便不敢开口了。你的才干确实比他们略胜一筹，但这么一来，朋友将逐渐离开你，这对你有什么益处呢？"

老朋友的话使萧伯纳如梦方醒，他感到如果不收敛锋芒，彻底改过，社会将不再接纳他。所以他立誓，从此，再也不讲尖酸的话了，要把才能用在文学上。这一转变造就了他后来在文坛上的地位。

成功是竞争的产物，但竞争也是有一定限度的。一个处处争当主角的人，会让人感觉不够老练，有勇无谋。其实生活中很多情况要求我们甘当配角。当你刚从事工作时，你要有足够的心理准备做好配角，这种谦虚的态度是合作的基础。只有当好配角，才能从主角那边学到许多东西，也才能让主角尽心地传授知识。而如果你凡事都抢着干，别人就会有戒心。

凡事都有两重性，即好的一面和不好的一面。同一件事，如果从好的方面去理解，便是一件好事；但若从不好的一面去理解，便是一件坏事。人缘的作用正在于此，它有时可以使坏的变好，也可以使好的变坏。假如你人缘好，那么你每做一件事，别人都会津津乐道，即使你做错了事，冒犯了别人，别人也会善意理解你的过错。生活在如此宽松和谐的环境里，你心理没有负担，处处可以尽情尽兴。但如果你人缘不好，那么你每做一件事别人都会鸡蛋里挑骨头，更不要说做错事，冒犯别人了，即使你事事正确，别人也会不以为然，不拿正眼看你。生活在如此冷漠的环境里，你会觉得自己是一个多余的人，更不要谈欢乐和幸福了。好人缘的人脚下的路有千万条，反之，便只剩下一座独木桥了。而要想有个好人缘，就不要锋芒毕露，咄咄逼人。

个性是个人之本，人有个性才有魅力。个性表现得越充分，个人魅力越大。但是，不恰当地张扬个性，对人并非有益。如果个性张扬的程度超过了一定限度，就可能表现为病态的攻击行为，甚至导致人格障碍。

攻击型人格障碍 *explosive personAlity disorder*

攻击型人格障碍是以行为和情绪具有明显冲动性为主要特征的人格障碍，又称爆发型和冲动型人格障碍。患者情绪高度不稳定，对事物往往做出爆发性反应，极易产生兴奋的冲动，行为爆发时不可遏制。心境反复无常，办事处世鲁莽，缺乏自控能力，易与他人冲突，稍有不合便大打出手，不计后果。患者心理发育不成熟，判断分析能力差，容易被人调唆怂恿，对他人和社会表现出敌意、攻击和破坏行为；不能维持任何没有即刻奖励的行为，经常变换职业，多酗酒。

攻击型人格障碍患者对自我角色的认同与攻击性有很大的相关性。尤其是进入青春期的男孩，特别热衷于男子汉角色的认同和片面理解，强调男子汉的刚毅、果断、义气、力量、善攻击等特征。

关键时候要争做主角，但争主角不是凭一时的冲动，而要有充分的心理准备。首先要估计自己的能力，要对自己有充足的信心，当然这种自信不能是盲目的。此外要能处理好各种因为当主角带来的复杂矛盾，也就是各种人际关系，当然还要考虑到各种意外，做好担当相应责任的准备。

与“锋芒毕露”相对，我们提倡“沉默是金”的处世哲学。一些年轻人不分场合地大发议论，无节制地说三道四，大有“初生之犊不怕虎”的精神，但是这很可能会使比较主观的领导和同事觉得你傲慢、偏激而对你产生不良印象。信口开河的浅薄和浮躁也在损害你的形象。你不如保持适当的沉默，这是谦虚友好的表示，也是力量的体现，将你的锋芒在工作中显露，以出色的工作成绩和谦逊的作风赢得声誉。

成功者说

你要是比别人聪明，不必张扬让他人知道，时间会证明一切的。收敛锋芒，韬光养晦，使你在与人共事时留下较大的回旋余地，是一种必要的自我保护，也会让旁人敬佩。

身后有余要缩手

速哥是元太宗的大将，看起来一副木讷的老实样，实际上却是诚恳沉勇，深得太宗的信任。有一天早朝，他接过派令刚出朝廷，看到六个人，因犯小罪将受极刑。速哥急忙跑回去向太宗求情："这六个人在西域颇有名气，如果以小罪就杀他们，恐非怀柔之策。请将他们赐给我，让我慢慢地开导他们，日后可以为我所用。"太宗听后，便将这六人赐给速哥。速哥带着他们一起赴任，到了半路，就把他们全部释放了。速哥死后，被元朝追封为宣宁王。

《元史》记载了这件事，并下了评语说：速哥之所以能有至大的官名，都是因为他"宽大爱人"所致。

大凡下厨房的人都懂得，做菜时先要少放盐，因为味淡可补救，味咸就难挽回了。一枚硬币有两个面，同样地，在这个世界上，没有完全绝对的事情，任何的事物都有两个相对的方面。这就教会了我们做人不要太绝对，要给自己和他人留有余地。

在韩非子的《说林下》中有这样一段话："桓赫曰：'刻削之道，鼻莫如大，目莫如小。鼻大可小，小不可大也；目小可大，大不可小也。'举事亦然，为其不可复也，则事寡败也。"

这段话的大意是说，工艺木雕的要领，首先鼻子要大，眼睛要小，鼻子大了，还可以改小，如果一开始便把鼻子给刻小了，就没办法补救了。初刻时眼睛要小，小了还可以加大。如果刚开始就把眼睛弄得很大，就无法缩小了。为人做事，也是一个道理，凡事要留有余地。只有这样，才不至于遭遇失败。

待人处世需要留有余地，则可进退自如，收放从容，是处世的艺术，是人生的哲学。不留余地，一旦前进无路，则必败。

三国时期，诸葛亮六次生擒孟获，最后却放他回去。有人会问：他傻不傻，抓一个人费了那么多的时间和精力，最后却"放虎归山"！诸葛亮当然不傻，诸葛亮不仅给自己留下了余地，也给了孟获一条退路。深谙用人之道的诸葛亮知道，要想让一个人才心甘情愿地为己效力，就要让他心悦诚服地降伏。果然，在第七次擒住了孟获后，他终于甘心归降认输，诸葛亮也留下了一段传世佳话。这种战胜对方，又留有余地的方法实际上是利用了对方的心理效应，减少了对方的敌对情绪，增加合作的可能，从而促进成功。

阿伦森实验 *Aronson experiment*

心理学家发现，在对别人进行肯定或否定、奖励或惩罚时，并不是一味地肯定和奖励最能给人好感，也不是一味地否定和惩罚最能给人恶感。事实是，先否定后肯定，能给人最大的好感；先肯定后否定则给人的感觉最不好。

美国心理学家阿伦森·兰迪做过一个实验。他把被试者分为 4 组，施行不同的措施，结果也不同，分别如下。

对第一组被试者始终否定，被试者不满意。

对第二组被试者始终肯定，被试者满意。

对第三组被试者先否定后肯定，被试者最满意。

对第四组被试者先肯定后否定，被试者最不满意。

这种心理规律，在现实生活中很普遍，平时人们所说："磕一千个头后放一个屁，效果全无。"就是这种规律的反映。

与人相处，凡事不要做绝，记得为彼此留下余地，以后不管在哪个场合再见面，都是一团和气，不至于见了面就让对方咬牙切齿。

在日常交往中，话也不能说得太绝。当然，也有人话说得很绝，而且也做得到。不过凡事总有意外，而意外并不是人能预料的，话不说得太绝，就是为了容纳这个"意外"。杯子留有空间就不会因加进其他液体而溢出来，气球留有空间便不会因再灌一些空气而爆炸，人说话留有余地，便不会因为"意外"的出现而下不了台，可从容转身。所以很多政府官员在面对记者的询问时，都偏爱用这些字眼，诸如："可能、尽量、或许、研究、考虑、评估、征询各方意见……"这些都不是肯定的字眼，他们之所以如此，就是为了留一点空间好容纳"意外"，如把事情说绝了，结果事与愿违，那不是很难堪吗？

对别人的请托可以答应，但不要“保证”，应代以“我尽量，我试试看”。上级交办的事当然接受，但不要说“保证没问题”，应代以“应该没问题，我全力以赴”。这是为了万一自己做不到所留的后路，而这样说也无损你的诚意，反而更显出你审慎，别人会因此更信赖你，事没做好，也不会责怪你。

固然把话说绝有时也有实际上的需要，但除非必要，还是保留一点空间的好，既不得罪人，也不会把自己陷入困境。总之，多用中性的、不确定的词句就对了。

成功者说

留有余地是一种心态。一个心地善良的人往往能替别人考虑许多，因此也时常为他人留有余地，也许他会因为这样而失去些名利或财物，但与此同时，他却获得了比金钱更为重要的东西，那就是对方的感恩。

当心误交损友

一只虱子常年住在富人的床铺上，由于它吸血的动作缓慢轻柔，富人一直没有发现它。一天，跳蚤拜访虱子。虱子对跳蚤表示欢迎，还主动向跳蚤介绍说：“这个富人的血是香甜的，床铺是柔软的，今晚你可以饱餐一顿！”说得跳蚤口水直流，巴不得天快黑下来。

当富人进入梦乡时，早已迫不及待的跳蚤立即跳到他身上，狠狠地咬了一口。富人被咬醒，愤怒地令仆人搜查。伶俐的跳蚤跳走了，慢慢腾腾的虱子成了不速之客的替罪羊。虱子到死也不知道引起这场灾祸的根源。

在你为成功而奋斗之初，你需要知己。但你要注意，不要结交那些对你有害无益的朋友，不要被拖人他们的浑水之中。环境和朋友，对我们的一生有莫大的影响,可以说,交上怎样的朋友,就会有怎样的命运。

因此,在选择朋友时,你要努力与那些乐观肯干、富于进取心、品格高尚和有才能的人交往,这样才能保证你拥有良好的生存环境,获得好的精神食粮以及朋友的真诚帮助。这正是孔子所说的"无友不如己者"的意思。

与身心健全的人交往,不仅可以使自己得到别人的尊敬,而且也可以促进自己的身心健康,提高品德修养。要结交懂得自尊自爱的朋友。因为一个人如果不自尊,便无法尊敬别人。近朱者赤,近墨者黑,假使我们所结交的朋友都是懂得自尊自爱的人,大家都会互相尊重。另外,他们心态稳定,能与人愉快相处,以整体的观点来说,这种人是属于和蔼、意志高昂的类型。有自尊心且身心健康的人不仅能在工作上恪尽职守,也能在人生中享受到真正的乐趣。如果我们本身就是一个有自尊心且身心很健康的人,一定能够很轻易地分辨出别人是否和你具有同样的性格。

感觉适应 *sensory adaptation*

心理学上有这样的规律:在同一刺激持续作用下,感受器的感受性有可能提高,也有可能降低。通常在微弱的刺激的持续作用下,可以使感受性提高;在强烈刺激的持续作用下,可以使感受性降低。这种现象叫做感觉的适应。古人说:"入芝兰之室,久而不闻其香;入鲍鱼之肆,久而不闻其臭。"就说的是感觉适应。

与朋友相处久了,你可能对朋友的缺点没有了感觉,进而染上相同的缺点,这就是"近墨者黑"。因此,交友要慎重选择。

心理学家认为,应尽量断绝与下列人往来,珍惜你的时间、精力,去做你应该做和你想做的更重要的事情。

靠不住的人不能交 交朋友应两厢情愿,不要强求。友情是互相的,即你的付出应有相应的回报,朋友之间应互爱互重,互谅互信。有些朋友在短期内似乎与你关系不错,时间一长便发现他靠不住,在这种情况下应当机立断,与之断交。

志不同道不合的人不能交 真正的朋友,需有共同的理想、共同的奋斗目标，这是两人结交的基础，如果两人在这些方面相差极大，志不同道不合，是很难有相同话题的，兴趣也必然不同。这样两人交往只能互相容忍，无法互相欣赏，因此容易分手。

悖人情者不能交 亲情、爱情都是人之常情，如果一个人在人之常情中处世的态度恶劣，那么这种人是不能交往的。这种人往往极端自私，为达目的不择手段，并惯于过河拆桥、落井下石。

势利小人不能交 势利小人的一个通病是：在你得势时，他锦上添花；当你失势时，他落井下石。他不讲真诚，只认权势，见利忘义。因此，这种人不能交。

酒肉朋友不能交 你能给他们实惠，他们就与你好，但当你真正需要他们帮助时，他们会一点表示都没有。

两面三刀者不能交 有的人惯于表面一套，背后一套，对这样的人要小心，更不能跟他交朋友了。要认识这样的人，应多注意他周围的人对他的反映。而且需要较长时间才能看清楚。

俗友不深交 朋友之间的谈话多涉及兴趣、爱好、志向及对某一事的看法。如果朋友只跟你谈物质利益，谈钱，则可将之归于“俗友”。“俗友”对你虽无大害，但长期交往，一则浪费你的时间，二则难免使你变“俗”，因此不宜深交。况且“俗友”一般很现实，当你有困难时他不会帮助你。对这种朋友，仅做一般应付即可。

成功者说

朋友交往以德为先，发现朋友有品质方面的问题要讲出来，甚至与之绝交。当你通过交往，对这一实际情况有清晰认识之后，就应该长痛不如短痛，收起你的菩萨心肠。

猜疑损害人际关系

《三国演义》中有这样一个故事。

曹操刺杀董卓败露后，被陈宫所救。陈宫与曹操一起逃至吕伯奢家。曹吕两家是世交，吕伯奢一见曹操到来，本想杀一头猪款待他，可是曹操因听到磨刀声，便起疑心，以为要杀自己，于是不问青红皂白，拔剑误杀无辜。杀人后，曹操与陈宫急忙逃命，路遇沽酒回家的吕伯奢，曹操编了个谎话骗过吕伯奢，可还是不放心，将吕伯奢也杀了。陈宫质问曹操为什么杀吕伯奢，曹操说出了那句“名言”：“宁我负天下人，不教天下人负我！”

陈宫听曹操这样说，立刻决定离曹操而去。曹操就这样失去了一个好友和谋士。

怀疑是人的本性，但是过度的猜疑就会构成心理疾病。猜疑是人性的弱点之一，历来是害人害己的祸根，是卑鄙灵魂的伙伴。一个人一旦掉进猜疑的陷阱，必定处处神经过敏，事事捕风捉影，对他人失去信任，对自己也心生疑窦，损害正常的人际关系，还会影响个人的身心健康。曹操后来患了“头风”症，说不定就与他满脑疑虑，心事重重有关。

猜疑者整天疑心重重、无中生有，认为人人都不可信、不可交。如：有的人见到几个同学背着他讲话，就会怀疑是在讲他的坏话，老师有时对他态度冷淡一些，又会觉得老师对自己有了看法等，成天提心吊胆地学习、生活，总有解不开的疑惑、摆脱不了的矛盾，活得很累。这种人心有疑惑不愿公开，也少交心，整天闷闷不乐、郁郁寡欢。由于自我封闭，阻隔了外界信息的输入和人间真情的流入，便由怀疑别人发展到怀疑自己，失去信心，变得自卑、怯懦、消极、被动。

猜疑 *suspicion*

心理学家在研究妄想症时发现，猜疑一般是从某一假想目标开始，最后又回到这个假想目标，并加强对此的认知。在逻辑上属于“循环论证”。典型的例子就是“疑人偷斧”的寓言。

一个人丢了斧子，怀疑是邻居的儿子偷的。从这个假想目标出发，他观察邻居儿子的言谈举止，无一不是小偷的样子，思索的结果进一步强化了原先的假想目标，他断定窃贼非邻居的儿子莫属了。可是，不久在山谷里找到了斧头，再看那个邻居的儿子，竟然一点也不像偷斧者。

现实生活中猜疑心理的产生和发展，几乎都是这种封闭思路主宰了正常思维。

一个人缺乏对他人的信任，往往同自信不足相联系。疑神疑鬼的人，看似怀疑别人，实际上是怀疑自己，至少是信心不足。有些人在某些方面自认为不如别人，因而总以为别人在议论自己，看不起自己，算计自己。一个人自信越足，越容易信任别人，越不易产生猜疑心理。

猜疑似一条无形的绳索，会捆绑人们的思路，使自己远离朋友。如果猜疑心过重，就会因一些根本没有或不会发生的事而忧愁烦恼、郁郁寡欢；有的因猜疑心导致狭隘心理，不能更好地与周围的人交流，其结果可能是无法结交到朋友，变得孤独寂寞。

一般来说，人们对疑心重的人都很反感，认为他们是“鼠肚鸡肠”。尤其当自己被人无端猜疑时，火气就更大了。觉得对方简直是个得了“猜疑症”的怪物，不可理喻。从而产生这样的错觉：一个人脑子里储藏那么多怀疑细胞干什么？首先，让自己多操心而费神，其次，又弄得四邻不安。从而又得出一个结论：爱猜疑者，以小人居多。一般人都喜欢坦荡、光明磊落的人，认为做事坦率大方才有君子风度。

猜疑的人通常过于敏感。敏感并不一定是缺点，对事物敏感的人往往很有灵气，有创造力，但如果过于敏感，特别是与人交往时过于敏感，就需要想办法加以控制了。由于猜疑而生误会，伤害了朋友，造成紧张气氛的事屡见不鲜。为了避免不应有的隔阂和冲突，消除猜疑心理，建立互信关系，应成为人际交往中的准则。

猜疑往往是心灵闭锁者的心理屏障。只有敞开心扉，将心灵深处的猜测和疑虑公之于众，或者面对面地与被猜疑者推心置腹地交谈，让深藏在心底的疑虑来个“曝光”，增加心灵的透明度，才能求得彼此之间的了解沟通、增加相互信任、消除隔阂、排释误会、获得消解。

每个人都应当看到自己的长处，培养起自信心，相信自己会处理好人际关系，会给别人留下良好的印象。当人们充满信心地工作和生活时，就不用担心自己的行为，也不会轻易怀疑别人是否会挑剔、为难自己了。

成功者说

人应抛开陈腐偏见，不要过于相信自己的印象，不要以自己头脑里固有的标准去衡量他人、推断他人。要善于用眼睛去看，用耳朵去听，用头脑去思考。必要时应调换位置，站在别人的立场上多想想。

成功路上警惕“红眼病”

古书《酉阳杂俎》中有个著名的“妒妇津”的故事。

相传刘伯玉的妻子断氏忌妒心很强。刘伯玉曾称赞曹植在《洛神赋》中所写洛神的美丽。断氏听到后，气愤地说：“你凭什么说水神那么美！瞧不起我？想休了我是吗？我要是死了，还当不上水神？”

后来断氏果真在渡口投水自杀。后人将她投水的渡口称为“妒妇津”，妇女在此渡河的时候都不能浓妆艳抹、衣着华丽，否则就会风浪大作，据说是断氏又开始忌妒了。

病态心理学将忌妒定义为：与他人比较，发现自己在才能、名誉、地位或境遇等方面不如别人而产生的一种由羞愧、愤怒、怨恨等组成的复杂情绪状态。忌妒是由于别人胜过自己而引起的情绪的负性体验，也就是常说的“红眼病”，总是只看到了别人比自己优越的方面。

忌妒心几乎人人都有，它属于情感范畴。要明确的是，忌妒是有条件的，是在一定的范围内才会产生，是指向一定对象的，不是任何人在某些方面超过自己都会忌妒，比如某科学家获得诺贝尔奖，一般人只会羡慕而不会忌妒。地位相似、年龄相仿、经历相近的人之间容易发生忌妒。

黑格尔说："忌妒乃平庸的情调对于卓越才能的反感。"凡对优越者的条件或地位持不满心态者，就可能产生忌妒心理及其相应的行为。忌妒他人，则可能破坏业已存在的良好关系，受他人的忌妒，则使自己感受到压力和苦闷。因此，忌妒是人际交往中的消极因素，对人际关系具有负面影响。为维护人际关系，我们不应忌妒他人，而应努力改变自己，争取超过他人。然而，随着自己条件或地位的改变，有可能引发他人的忌妒，这是不可避免的。

忌妒心理 *jealousy*

心理学家认为，忌妒的人会时时拿自己和有某些成就的人相比，不停地提醒自己的失败，增加自己的焦虑。

一般说来，忌妒心理分三个层次。首先是程度较浅的忌妒，往往深深地埋藏于心内，不容易被他人察觉。忌妒的程度再向纵深发展，就会由潜意识层次进入意识层次，开始表现出具体行为，如讽刺、疏远自己忌妒的对象等。严重的有攻击、造谣中伤他人的行为，目的是打击别人，抬高自己。忌妒发展到这个层次，就需要及时控制。最后是非常强烈的忌妒，这时人的忌妒心理已经是变态的心理，表现为猖狂进攻、自杀或他杀等，后果非常严重。

忌妒对当事人双方都有害无益。既折磨自己，又折磨他人。严重者会对自己和他人都构成伤害，悔恨终生。

培根说：忌妒这恶魔总是在暗暗地、悄悄地"毁掉人间的好东西"。它是一种消极的负面情绪，容易使人们产生偏见，影响人际关系。荀子说："士有妒友，则贤交不亲。君有妒臣，则贤人不至。"忌妒是人际交往中的心理障碍，是损害人们身心健康的罪魁祸首。所以，要正确看待忌妒心理，积极矫正。

当忌妒心理萌发或有一定表现时，要主动调整自己的意识和行为，控制自己的动机和感情。这就需要冷静地分析自己的想法和行为，客观地评价自己。当认清了自己后，再重新去看待别人，就能够有所改变。

快乐之心药可以治疗忌妒，要善于从生活中寻找快乐，就像忌妒者随时随处为自己寻找痛苦一样。如果一个人总觉得自己比起别人得到的欢乐少，那么他就会永远陷于痛苦之中，陷于忌妒之中。快乐是一种情绪，忌妒也是一种情绪。何种情绪占据主导地位，要靠自己来调整。

通常，在志同道合的人之间，感情融洽或友谊深厚的人之间，很少有忌妒，而是相互鼓励，共享成功的欢乐。只有在关系不正常或相互敌视的人之间才会有忌妒或幸灾乐祸的现象。因此，发展友谊能减少忌妒。

不过，忌妒也不是没有正向作用。心理测验结果显示，在成功的人当中，忌妒心重的人，通常是好胜心强，所以能激励他去达到目标。

要努力消除自己的忌妒心理，提防他人的忌妒可能带来的伤害也是必要的。要消除他人忌妒的伤害，积极而有效的做法是，对他人的忌妒不予理会，不让讽刺挖苦阻挡自己奋进的步伐。随着时间的推移，自身条件越来越优越，荣誉和地位将大大扩大自己的影响，而忌妒者在长期忌妒无效的情况下，忌妒言行将渐收敛，直至消失。当然，忌妒者的忌妒在一定条件下仍可能会有所显露，但对被忌妒者已不会有多大的影响了。

成功者说

奋进者如能豁达大度，一如既往地与忌妒者正常交往，那么，在奋进者的感召之下，或许忌妒者的忌妒言行在较短的时间内就能自我收敛，因为有良知的人终究不会长期做让自己感到内疚的事。

第四章

成功者要有健全的个性

俗话说,江山易改,本性难移。一个人要完善自己有缺陷的人格不是件容易的事，所以有的人总是与成功擦肩而过，留下终生的遗憾。“性格决定你的一生”，只有当你真正明白这句话的含义和真谛,并努力完善你的人格时,成功才会属于你。

有位美国记者采访投资银行家 J·P·摩根，问："决定你成功的条件是什么？"

摩根毫不掩饰地说："个性。"

记者又问："资本和技术哪个更为重要？"

摩根答道："资本比技术重要，但最重要的是个性。"

翻开老摩根的奋斗史，无论他成功地在欧洲发行美国公债，慧眼识中无名小卒的建议，而大搞钢铁托拉斯计划，还是力排众议，甚至冒着生命危险推行全国铁路联合，都源于他倔强和敢于创新的个性，如果排除这一条，恐怕有再多的资本也无法完成投资银行这一具有伟大开创性的事业。

虽然人人都渴望成功，但不可能人人都会成功，因为还有很多人不知道成功的真谛。人最了解和最不了解的就是他自己。俗话说，江山易改，本性难移。一个人要完善自己有缺陷的人格也不是件容易的事，所以有的人总是与成功擦肩而过，留下终生的遗憾。"性格决定你的一生"，只有当你真正明白这句话的含义和真谛，并努力完善你的人格时，成功才会属于你。

健全人格是成功的基石

传说古代有个兰陵国，国王是个英俊的小伙子。他虽然武艺高强，但是每次上阵征战的时候，敌方阵营那些面目狰狞的武将都会嘲笑他，说他像个大姑娘。兰陵王脸皮薄，不是羞愧难当，就是怒火迸发，因此吃了不少败仗。

后来，他用青铜铸造了一个狰狞的面具，每次两军对垒的时候他都会戴上这个面具。因为敌人再也无法嘲笑他的容貌，兰陵王打了很多胜仗。

“人格”一词的拉丁文“person”，是面具的意思，它原指古希腊的演员为扮演角色而戴的面具。这种面具类似于中国的京剧脸谱，每个都对应一个特定的性格角色。美国心理学家B·赫根法指出：“把人格定义为面具等于把人格视为人的社会自我，正是人们的这一方面被用来向社会显露它自己。这个定义隐含着这样的意思：由于种种原因，人还有某种隐私的东西没有被显露出来。”

随着古代语言的发展，“人格”这一具体的专指面具的词汇被加以扩展和引申，以至于渐渐演变成一个抽象而又多义的名词。心理学沿用了“人格”的原始含义，把一个人在人生舞台上扮演角色时表现出来的种种行为和心理活动都看做是人格的表现。其含义是指一个人表现在外的给人的印象性的特点和生活中所扮演的角色以及与此角色相应的个人品质、声誉和尊严等。

心理学研究表明，人格对其事业、家庭生活、人际关系有极其重要的作用。健全的人格是事业成功的基础、家庭幸福的根基、人际关系良好的基石。

没有健全人格的人，要么成天唉声叹气、怨天尤人；要么受一点挫折即趴下，再也直不起腰；要么取得一点成绩即骄傲自满，洋洋自得，完全看不到前进中可能有曲折和艰险。这样的人最有可能的结果就是在高扬健全人格的世纪被潮流卷带着扔到海底，慢慢地腐烂消失。

性格 *character*

世界上第一个提出"性格"概念的人是著名古希腊学者提奥拉斯塔(Neophrastus)。当时，"性格"是指人的特征、标志、属性和特性等。现代心理学家对性格定义较为宽泛，但一般认为性格是个人较为稳定的对待现实的态度和行为方式。

性格是人格中的一部分，也是人格中最重要的心理特征，是一个人的本质属性的独特结合，是人与人之间相互区别的主要方面，世界上没有两个性格完全相同的人。

首先，性格反映在人对现实的态度以及与之相适应的行为方式之中。态度是个体对人、对事所持有的相对稳定和内化了的心理反应倾向，它既包括个体对自身的态度，也包括个体对自身以外客观世界的人和物的态度。它是在社会环境中，随着意识的成熟、情感的丰富和经验的积累而逐步形成的。人的态度一旦在生活经验中得以巩固，便成为人在一定场合中的行为方式。这种态度和行为方式构成了一个人的行为特征。

性格还是一个人独特的、稳定的个性心理特征。所谓独特，是指某种性格特征为某人所独有，而不为他人所具有。即使两个人的性格相似，同为勇敢鲁莽，但两者的具体表现形式也会有很大的区别。所谓稳定，是指性格一经形成就比较稳固，那些暂时性的、偶然的、情景性的表现都不能代表一个人的性格特征，只有当一个人的态度以及符合这些态度的行为方式是比较稳固的、经常的、能从本质方面表明一个人的个性的，才具有性格的意义。正因为性格是稳定的，并体现在习惯的行为方式中，因此一个人的性格总要通过他的行为举止表现出来，即使能作一时伪装，也总会在各种场合中有所流露。

性格的稳定性也表现为态度和行为的一致性，一个胆小鬼不会同时又是勇敢的人，一个优柔寡断的人也不会同时又是一个雷厉风行的人。这就是说，一个人身上不可能同时存在两种互相对立的性格特征。即使现在的研究表明世界上有双重人格的人存在，但是这两重人格也是有主次之分而且不是同时起作用的。当然，性格的稳定性只是相对的，在纷繁复杂的现实事物的影响下，性格也具有一定的可塑性，会发生一定程度的变化，这正是人的态度及其行为方式能得以改变的内在根据。

成功者说

性格是具有核心意义的个性心理特征，是一个人世界观和人生观的集中表现，它决定人对现实事物的基本态度及其行为反应，因而性格决定人的社会价值，性格的好坏具有社会意义。

成功性格是怎样形成的

他是个冷酷无情的人，嗜酒如命且毒瘾甚深，有好几次差点送命，就因为在酒吧里看不顺眼一位酒保而犯下杀人罪，被判终身监禁。

他有两个儿子，年龄相差才一岁，其中一个跟他父亲一样有很重的毒瘾，靠偷窃和勒索为生，不久也因犯了杀人罪而坐牢。另外一个儿子可不一样，他担任一家大企业的分公司经理，有美满的婚姻，养了三个可爱的孩子，既不喝酒更未吸毒。

为什么同出于一个父亲，在完全相同的环境下长大，两个人却会有不同的命运？有人问起造成他们现况的原因，二人竟然是相同的答案："有这样的老子，我还能有什么办法？"

人与人之间之所以会有不同的性格，是由个人因素和外部环境两方面因素造成的，其中前者包括生物因素和个体实践，后者主要指家庭环境、学校教育、伙伴群体以及职业的影响。

神经系统的某些遗传特质会影响性格的形成，如一个人反应的速度与灵活性都会在一定程度上影响性格。高级神经活动活泼的人，比较热情、开朗，善于交往；高级神经活动不可遏止的人，情绪反应比较强烈，敢于冒险，容易成为勇士。遗传特质可能影响性格，但并不决定性格。一个家庭中兄弟姊妹之间的遗传特质相近但性格并不完全相同，即使是双胞胎，性格差异也可能很大。

人的性格塑成期是在家庭环境中度过的，与家庭成员的接触最为频繁，因此受家庭的感染力量也最为强烈。这是一个人性格形成的基础。

伙伴群体成员之间因为相仿的年龄、性别、职业以及兴趣爱好等聚集在一起。尽管没有固定的规模和组织形式，没有严格的规章制度，但是伙伴之间在自由的交往与互动中彼此交流、分享并相互影响价值判断的标准。因此，这类群体对人的性格有重要的影响。尤其在群体指导性价值观念与社会主流价值观念发生偏差的时候，它对于成员的负面影响是极大的。

性格同其他心理一样，是在认识与改造客观世界的实践活动中形成与发展的。与职业相关的实践活动对性格特征的形成与发展起定向作用。例如，从事企业管理的人容易形成善交往、敢冒险、自信而精力充沛的性格特征，从事艺术工作的人容易形成活泼开朗、感情丰富、富有想象、善于创新的性格特征，而从事科学研究的人则容易形成独立、好奇、慎重、重事实、善分析的性格特征。当然，实践活动的深度与广度不同，对塑造性格所起的作用也不一样。即使从事相同职业的人，性格也会有差别。

依据人的性格的相似与差异，可以把人的性格划分为不同的类型。依据心理活动倾向性，瑞士心理学家荣格将人的性格粗略地分为两种：内倾型和外倾型。内倾型的人心理活动倾向于主观世界，表现为沉静、反应慢、适应环境的变化较为困难。外倾型的人心理活动倾向于客观世界，表现为开朗、活跃、善交际，能顺应周围环境的变化。德裔英国心理学家汉斯·艾森克采纳了荣格的两分原型，又增加了两种他自己的两分法原型（神经质的尺度）：一个极端是高度稳定的性格，另一个极端是极为不稳定的性格。

卡特尔性格因素问卷 *16PF*

人的性格是非常复杂的。著名心理学家奥尔波特曾数过英文字典中表达不同人类行为或者品质的词，总数达 18000 之多，其中 4000～5000 个词是专指性格特征的。心理学家在复杂的性格特征中寻找可以归类的因素，但又苦于性格原型太过抽象。

美国心理学家卡特尔设法将 171 种性格表层特征归类为 62

个"串",但是他发现这些"串"都有互相重叠的地方,后来又把它缩减为 35 个,最后得出 16 个根本性的特征或者因素,按他的话说:"足以涵盖目前在常见的口头语和心理学文献中发现的所有个体性格差异(即表层特征)。它们在总体的性格方面没有留下任何遗漏。"但是后来的心理学家仍旧认为它太复杂。

依据心理机能在性格结构中何者占优势,英国心理学家培因将人的性格划分为三种:理智型、情绪型和意志型。理智型的人理智特征明显,以理智来衡量一切并支配自己的行为,能理性地处理自己所面临的问题。情绪型的人情绪特征明显,情绪体验深刻,行为主要受情绪支配,处事接物容易情绪化。意志型的人意志特征明显,有较明显的目标,并能根据预定目标对行为进行调节与控制,能刻苦努力,锐意进取。

依据个体独立性程度,还可以把人的性格粗分为顺从型和独立型两种。顺从型的人能照章办事,按他人旨意勤奋工作,但独立性差,有盲目接受他人暗示或影响的倾向,容易受人摆布,不善于处理偶发事件。独立型的人不易接受暗示,凡事有主见,善于独立发现与解决问题,能果断地处理偶发事件。

依据文化生活形式,德国心理学家斯普兰格将人的性格大致划分为六种类型,即理论型、经济型、审美型、社会型、权力型和宗教型。

值得指出的是,性格的分类仅有相对的意义,既不能把所有的人都对号入座归入某种典型的性格类型,也不可能刻板地划定各种类型所属的性格特征。

成功者说

事物千差万别,作为处世态度及其相应行为方式的性格特征必然多种多样,其内容极为丰富。因而除极少数人具有某类典型的性格特征之外,大多数人都属混合型,他们较多地具有某一类型的特点,同时又兼有其他类型的一些特征。

怎样塑造完美气质

我们观察成功人士的时候，会发现他们能够散发出一种令人动心的气质。

公元前5世纪，古希腊医师希波克拉底提出人体有四种体液：血液、黄胆汁、黑胆汁和黏液，并根据某种体液在人体内所占的优势而将人的气质分为四种类型，即多血质、胆汁质、抑郁质和黏液质。这四种传统的气质类型在现代心理学中仍得到应用。有代表性的是卡雷努思的学说，把人格从总体上分为阳刚、急躁、忧郁和平淡四大类。

阳刚（血液－多血质） 轻率、活泼、好事，喜欢与人交往，面对困难不会退缩，不会记恨。很容易答应别人的事情，也很容易忘记和别人的约定。有面对困难的勇气，但看事情不妙也会开溜。能够调整自己的喜怒哀乐，随时保持心理平衡和往前冲的状态。一旦成功或受别人赞赏，就乐不可支。

急躁（黄胆汁－胆汁质） 对于情绪的刺激非常敏感，意志容易动摇，没有耐心，忽冷忽热。这类人喜欢参加各种活动，但想法常常改变，只有三分钟热情。不喜欢被压抑，喜怒哀乐表现明显。不过，他们不像黑胆汁质的人容易保持某种心情，不论悲伤或愤怒都是来得快去得也快。一般说来，这种类型的人既热心又有爱心，做事很有爆发力。

忧郁（黑胆汁－抑郁质） 黑胆汁质的人比较趋向稳重、沉郁，经常只看到人生的黑暗面。他们多半避免迎来送往的交际活动，也不喜欢和外向活泼的多血质的人在一起。甚至看到别人欢天喜地乐不可支时，反而会不高兴。这类人一遇到困难常常心理失衡，一旦心情不好，便久久无法恢复正常。

平淡（黏液－黏液质） 黏液质的人安静、漫不经心、散漫、邋遢等。受刺激则反应非常迟钝或冷淡。不过这类人通常诚实值得信任。由于个性平淡，工作缓慢，所以不容易紧张，有做事迟缓、不修边幅、喜好享乐等毛病。这种类型的人多半有些利己主义倾向。

现实生活中,纯粹属于某种单一的气质类型的人是极少数,一般来说大多数人的气质都属于以一种气质类型为主,兼有其他气质类型一部分特点的中间型或混合型。气质可以用很简单的方法进行测试:认真分析上述各类标定词,一个个地比照,看哪一种气质的标定词最多,另外还兼有哪些,就可以了解自己属于什么气质。例如:“以抑郁质为主,兼有胆汁质成分的混合型气质”。当然,这种测试是大致的,如果想准确了解自己的气质类型,可通过气质量表进行心理测试。

气质 *temperament*

现代心理学认为气质与人的高级神经系统活动的类型密切联系,是个人心理活动的稳定的动力特征。所谓心理活动的动力,就是指心理过程的速度(知觉的速度、情绪与动作的反应快慢)、强度(如情绪强弱、意志的紧张程度)、稳定性(注意力集中时间的长短、情绪的起伏变化)和指向性(倾向于外部事物,或倾向于自身的情绪和思想,经常体验自己的情绪)。

一个人的气质在幼儿时期表现得比较明显。随着年龄的增长,积累的生活经验日益丰富,他的某种气质特点就更多为后天获得的个性特征掩盖。在成人身上,气质和性格往往是有机地交织在一起的,性格会在一定程度上掩盖和改造气质,表现为一个人特定的态度体系和行为模式。在日常生活中,如果进行气质自我测验,也会出现这种现象。气质的外在观察,以幼儿时期最为准确,这是在进行气质自我测验时必须加以注意的。

还有一种以“行为模式”来划分的气质类型,有A型、B型、M型、MA型、MB型和C型。

A型气质(外倾)的人说话与行动节奏快,性急,易动肝火,缺乏泰然自若的态度,争强好胜,充满失落感和懊丧情绪,总是迫使自己处于紧张状态。据美国“全国心、肺和血液研究所”的调查,具有A型心理特征的人患心脏病的比率高达98%以上。

B型气质(内倾)的人镇静、专心致志、温文尔雅,能够灵活地应付紧张事件;没有时间紧迫感,从容不迫,愿意消遣;思维活动常常是冗长和散漫的,很少打断别人谈话,不催促讲话的人,很少握着拳头或者指手画脚强调他的谈话,很少叹气,不易受挫折,即使受挫折,也能现实地接受。但B型气质的人成就感不强烈,做事有些拖沓。

M型气质是介于A型和B型的中间型, 其中MA型偏向A型,MB型偏向B型。C型气质属于严重抑郁型,此类人易患癌症或抑郁型神经症或相应的人格障碍。

从生理健康角度出发, 心理医生往往推崇B型气质而贬抑A型气质,但从成功心理学看,A型气质是在激烈竞争中脱颖而出的必要保障。

成功者说

总体说来,气质没有好坏之分,每一种气质都有积极和消极的方面。所以健全人格的形成只能以人先天的气质为基础并作为主要方面,兼采其他气质的优点和长处,不断完善和拓宽固有气质内涵。

探究成功者的人格特质

心理学家经常研究一些成功人士, 试图发现一些促使他们成功的技巧、天赋和特征。当你看到这些技巧、天赋和特征时,你就会意识到其中的大多数你已经拥有了。而其中的某些技巧与天赋对你已经获得的和即将获得的成功有着更为显著的影响。

成功者对自己有较明确的了解,能客观地认识和评价自己,既承认自己的能力和才干,又承认自己的不利条件或限制因素。自我认可的原则是指:对自己的能力和才干、潜力和长处竭力发扬光大,对自己的不利条件和制约因素、缺点和不足,则能主动地进行自我批评和自我教育,也能努力去避免、改正和克服,能正确地估计自己的地位和作用,努力献身于符合社会发展规律和现实的社会理想。真正的自我认可所带来的一个结果,就是个人能够根据自己的天赋、体格、实际能力和才干、确定的地位和作用来确定自己的目标、终身目的，以造就自己。

有成功潜质的人能使自己和他人与现实相适应，这使一个人在和由多种因素组成的环境发生相互作用的过程中，可以完好地保持自己生理、心理和社会行为适应的统一性，以达到自己的目的。适应原则在主观方面表现为满意和愉快的心理体验和心境，对自己的生活和工作总是抱有乐观的态度，对人生旅途有较强的自信心，能够清醒、明智地面对现实，积极地接受、正确地解释自己所经历的种种不顺心的事，能使自己保持坦然、满意、享受人生的态度以及平静的心绪。因此，遵循适应原则的人，没有或基本上没有心理、行为的障碍，心理智能得到充分发挥，因而能取得一定的成效，获得成功的喜悦。这些喜悦反过来又促进其学习、工作和生活各方面成功和获得乐趣。

成功者对人的关系和事件保持平衡、灵活和全面的看法，就是所谓平衡原则。它要求一个人要有预见人生挫折、威胁和冲突的能力，善于平衡自身与环境的关系，正确处理与他人、与社会的关系，保持与社会的良好接触，客观地分析、评价社会，使自己的思想、信仰、目标、行动都能跟上时代的发展，与社会要求相符合。若发现个人利益与社会利益发生冲突，能修正或放弃自己不切实际的计划，以求与社会的协调一致。

平衡原则不仅表现在要求个体在遇到挫折、威胁、冲突时能保持人格要素——自我观念、思维方式、行为方式和行为风格方面的一致性，还进一步要求能够把自己的需要、愿望、思维、目标和行为同作为人格核心的自我观念和价值观统一起来。而不是私欲与良心相冲突，欲望背弃信念，行动和思想相互矛盾，主体意识不统一而形成两重或多重互相对立的分裂人格。

成功者绝大多数有对人类知识的基本肯定态度和向往、追求知识的心理倾向。人格对社会的展示，具有综合性、全面性和丰富性的特点，因此，健全人格必须建立在丰富的知识基础上。人格健全的人，怀有远大的、现实的奋斗目标，酷爱学习，并在学习和工作中积极向上，奋发进取，充分发挥自己的聪明才智，竭尽全力获取最大的成就。

健全而成功的人格还体现在言行、对人对事的态度、处理问题的方式等方面。只有那些使周围交往群体产生一定的认可度和亲和力的人才会有人格魅力。“人缘型”的人之所以受到欢迎，主要在于他与人交往中有意无意地展现的人格魅力。除了练就专业能力外，还应当习得和养成实用的交往风格，成人和成材同步进行。要知道，人格是专业技能的载体和整合。这就需要在相应的人格要素或结构上进行有方向地“自修”和锻炼。

成功者说

如果你发现自己还有一种技能或天赋是你需要的，你却不具备，你就必须去寻找拥有这一技能或天赋的人或团队，通过培训使你获得所需的东西。这些人将成为你的队友、同事、合作者、职业顾问和朋友。随着各类技能与天赋的结合并不断增强，你就会更加成功。

人格异常与优化途径

据心理学研究知道，人格异常的成因是多方面的，但主要是受家庭与社会的影响。就家庭而言，如果在幼年期得不到父母的关爱，甚至受到父母的虐待，儿童从小就不能以父母为楷模，学到应有的道德与社会良心，人格就无法获得健全的发展。

如果父母对孩子苛刻，经常训斥、打骂，孩子受到的惩罚太多，奖励太少，久之，他们往往以说谎自卫，或努力寻找其他逃避惩罚的方法；即使犯了错误，他们也不会力图改正错误，而是想方设法逃避父母的惩罚。这种错误的行为如得到保留，并逐渐内化定型，就会形成异常的人格。

如果父母对子女过分宠爱，百依百顺，有求必应，其结果是使孩子任性，自私自利，极端自我中心主义，完全不体谅别人的感受，长大后就可能不关心他人、集体与社会，无同情心，无责任心，即使损害了他人的利益，也无自责之感，甚至发展到不讲道德良心的程度。

因此，如追寻渊源，人格异常是家庭教育不当的产物。

就社会方面而言，人在12～17岁为人格定型时期，此时的青少年的好奇心强烈，开始与社会接触频繁。社会对他们的影响不断增强，各种社会现象通过各种渠道影响他们，而他们对外界刺激又特别敏感，但辨别是非的能力却不强，易受暗示，往往采用简单的经验去认识与处理复杂的社会现象。对社会不良影响的抵御能力较弱，表现出较大的可塑性。在错误行为的影响下，易习得异常的人格。

生活实践与环境影响既能塑造良好的性格特征，也可能使人形成种种心理障碍，表现为人格异常。人格异常与情绪性疾病有较大区别，通常没有焦虑症与情感症患者那种强烈的情绪折磨或极度的情绪痛苦，也不会丧失同现实社会的接触。

人格异常也表现为种种形式的人格障碍。例如，不能很好地适应生活的需求与应激事件，不能同别人和睦相处，因自己错误而责怪他人；经常忌妒他人，易冲动，有攻击性；极端依赖他人，完全不能自助；工作极为刻苦，很难放松。人格障碍会妨碍人们正常的生活，是成功路上最难逾越的绊脚石。

人格异常中最为严重是社会病态人格。这类人从不考虑他人，不讲良心，无责任心，为利己目的而伤害他人时也不感到愧疚。他们对人冷漠，从不关心他人，但却要求别人关心与信赖他们。他们毫无羞耻之心，惯于说谎、欺骗、偷盗。他们情绪冲动，甚至不考虑行为后果，为了发泄自己心中的不满，经常采取暴力行为，直至凶杀，对他人与社会有极大的危害性。

根据人格形成因素的分析，优化人格的途径也必须从个人和社会两个渠道双管齐下，才能帮助个体优化人格，符合社会的要求。

由于人格具有可塑性，因而通过主观努力，优化人格是可能的。人格的优化与矫正归根到底需通过自我调整，方法主要有两种：一是调整处世原则，来转变人格发展的方向；二是调整行为反应，以正确的行为方式来取代原有的行为方式并使之习惯化，逐渐改变人格特征。

矫正不良人格的基本方法是直接改变行为本身，通过主观努力，逐渐使良好的行为方式内化成为人格特征。

系统脱敏 *systematic desensitization*

系统脱敏法是矫正不良人格的有效方法之一。“脱敏”指摆脱过分敏感。对事物敏感自然属于良好的行为反应，但如果过分敏感，就是不良的人格特征。因为，过分敏感容易引起心理异常反应，产生猜疑、不合群、孤僻、人际关系紧张等。利用“系统脱敏法”能改变过度敏感的状况。

相对而言，调整处世原则对于优化、矫正人格能起更有效的作用。人格是对现实的态度及其相应的行为方式，而人的态度与行为都依附于人的处世原则。人接触到任何事物，总要以自己的处世原则对其做出评价，以决定对它的态度，进而影响主体表达态度的行为方式。处世原则在很大程度上能对人格起定向作用，因此，调整处世原则，人格就会发生相应改变。

成功者说

环境影响尽管是外因，但却能通过人的内因塑造人格。因此，一个人如果在环境影响下形成了某些不良人格，那么有意识地利用环境的影响，同样能达到矫正不良人格的目的。

内向型性格的完善之道

内向型性格的人最大特点是对交际活动消极。这种类型中有的人只同少数知心的人交往，同一般人关系很浅，仅保持最小限度的接触。也有的人认为交际麻烦，为此而表现出躲避、恐惧、拒绝或讨厌别人的态度。所以，这种人要么被视为能力低、傲慢、冷酷、薄情和枯燥无味，要么使人感到不可理喻、莫名其妙、令人不快，甚至会被误解为危险的人，从而带来很多不利因素。因此，内向型性格的人即使不愿交际，也应努力注意使自己的交际活跃起来。而且，应尽可能与更多的人产生共感、共鸣，而不要把自己孤立起来。

内向型性格的人交际应该活跃，但不要模仿外向型人的浅薄和马虎，要发挥自己诚实、严谨和稳重的长处，坚持自己的步调。内向型性格的人，决断和实干的速度一般都不快。要踏踏实实地以自己的速度进行实践，不要因为速度慢而自卑。兔子和乌龟赛跑的寓言，就是一个人生箴言，有乌龟那种不甘落后，奋起直追的信念非常重要。

内向型性格的人，做事有彻底完成或彻底弄清的倾向，讨厌做事敷衍了事、含含糊糊。这是值得尊重的品格，应该保持。但如果拘泥于一事的完满，就不注意周围的事情，这样，便容易产生无暇顾及其他事的后果。在弄清某一事件时，也不要一味追究到底。在与人的关系方面，如果过分追根究底，就会被认为是庸俗、不文雅或严厉无情。在工作上，如果过于追究某人的失败、错误和责任，也会招致怨恨。俗话说“狗急跳墙”，因此，不要对他人过于严格和苛刻。如果连细微之处都穷追不舍，就会成为“抠根癖”，这样，不仅会遭到人们的厌烦，而且自己也有逐渐厌倦的可能，所以，对此应该予以注意，尽量避免。

内向型性格的人要提高判断能力。判断慢当然无伤大雅，可是如果总是犹豫不决，不能做出判断并付诸行动也是不好的。因此，经过分析、研究有关资料，并在理论上做出结论之后，就应进行决断。无论怎样仔细研究和分析讨论，也无法做出最后的判断时，不要畏缩不前，而应向某一方向迈进。小心谨慎固然必要，但不能只慎重而不行动。虽然判断结果会有风险，但如果不判断、不行动，机会就会等于零。

内向型性格的人常沉迷于冥想或空想。这种类型的人，应努力使自己面对现实，发挥创造力，不要只是漫无边际地梦想或做白日梦。人类曾因梦想“能像鸟一样在空中飞翔”而发明了飞机，使想象成为现实。由此可见，“想象是创造之母”。日常生活中，人们会产生各种变化无穷的想法，工作时，人们可能产生跳跃性的设想，这些都应朝创造性的方向发展。同时，内向型性格的人感受性很丰富。这种深刻、敏锐、新颖的感受性若能朝着创造性的方向发展，同时有效地应用到实际生活中，无疑将会更有价值。

内向型性格的人，常常蕴藏着内在的独特风格。不少内向型性格的人具有温和、风趣、优雅、细致、高尚、纯真、虔诚，甚至神秘等特性，应注意发挥这些特性。应认识这些特性是宝贵的财富。应该坚守“只有自己的生活方式，才具有真正的人性力量”这种价值观。

内向型性格的人不应满足于模糊、朦胧的无意识状态，而应努力使自己的理想具体化，与实际生活相结合，尽量使之在实际生活中表现出来。

内向型性格的人适合的职业以物（如图书、机器、动植物等）为对象，独立工作的职位是最适合的，如果几个人相互间没有交叉关系，而是平行作业的话也相当适合。特别需要耐心的工作,更能发挥特长。外向型的人很快就厌烦、放弃的工作,他们却能做得很好。要求周密、细致、规则、单纯反复的工作,都适合内向型性格的人。具体来说,适合内向型性格的工作,有学者、研究者、技师、书记、会计、电脑操作者、图书管理员等。以复杂的人际关系为主,或是和世间繁杂有相当关联的职业,不适合这种类型的人。譬如说他们即使适合做个优秀的经济学者,却不适合担任公司经营者,也不适合做服务业。但是,内向型性格的人由于具备了诚实、严谨、忠厚、有耐心等的优点,有时在人际关系的工作上,也能出奇制胜。

成功者说

性格内向的人对别人如何评价自己过于敏感,这是最应改正的性格缺陷。与人交往,要求同存异、宽容。这样,别人也容易接受你,愿与你交往,这对自己的性格外向发展是很有好处的。

沉静者需要立即行动

沉静型性格的人遇事镇定、处事冷静、谋事审慎、办事认真,这是典型的领导者的性格。你的这些特点决定了你在管理领域存在成功的机遇。但是,机遇不是自由市场上买菜那样任你挑拣,有时稍纵即逝,且千载难逢,往往不等你想明白,机遇就已经属于别人了。因此,你得多一点冒险精神和迅速决策的能力。

沉静型性格的人还可能在学术研究和艺术创作领域取得成功。沉静型性格的思维缜密、工作认真、客观冷静等都对治学和艺术创作有益。选择治学要经得起寂寞,要有面壁十年,甚至面壁半生的思想准备。一定要保证你的学术观点确实不带个人恩怨、个人情绪。此外,选择治学还得安于贫困,如果想发财千万别选择治学。学者发表学术成果可以得到稿费,但学者治学不是为了钱。如果以上几条你想明白了,并坚定不移地选择了治学,那应该祝贺你做出了正确选择。预祝你在学术上有所建树。

沉静型性格的人处事审慎、周密,这有积极的一面,也有其消极的一面，即自以为是。

沉静型性格的人虽然话不多，但内心总觉得自己是对的，别人是错的，这必然使你故步自封，听不进别人的意见和建议。对于那些想在仕途上求发展的人，切记不能自以为是。一个人不管有多少个性优点，只要有自以为是的毛病，就足以挡住你升迁的道路。

如果说个性中的沉静、平静是一种美，那再向前迈一小步变成忧郁就是病态。病态的忧郁肯定会影响发展，因为成功的起码要求是心理健康。

忧郁会使人的形象受到损害，人们凭印象会说："不知为什么总瞧他那么愁闷，情绪很消沉。"这等于无形资产受到了损失，这种损失是无可估量的。因此，不要把沉静、平静变成忧郁愁闷，要设法多帮助别人，在帮助他人时你会放出异彩。

行动是联系梦想与成功的桥梁，没有行动，梦想就会变成空想。更为重要的是，一个希望成功的人应该通过行动表现完美与卓越，并逐渐形成自己的独特性格，只有这样才能引起他人的关注，脱颖而出，踏上通向成功的阶梯。一个事事表现平平的人，只能被如潮的人海淹没。

成功者说

在这个世界上，行动比梦想更重要，有几分耕耘，就有几分收获，行动是联系梦想与成功的桥梁，没有后续行动的梦想只能是空想。很多人终生没有什么成果，他们缺乏的不是希望成功的梦想，而是落实梦想的具体步骤与行动。

机遇面前无须克制

克制型性格的首要特点是能自制。研究一些心理疾病的案例可以发现，在面对突然降临的不幸、挫折、困难时，自我毁灭的人大多都是缺乏自制力的人，而取得辉煌业绩的人，无论是政治家、军事家，还是企业家，学者，都是自制力很强的人。道理很简单，不能自制，焉能制人，连自己都无法约束，还能指望他成功地约束别人吗？能自制就表现在是否能直面人生，克服自己心理失衡，以健康心态面对生活的挑战。

克制型性格的人能克服消极情绪，用实际行动证明自己是有能力的强者。他不会逢人便诉苦、解释，他习惯用行动说话。能自制意味着他能安排好自己的一切，不管有多大困难，他都能克服。他坚信，靠他坚强的自制力定能到达成功的彼岸。

克制型性格的另一个特点是能容忍冒犯。这主要是因为克制型性格的人追求的目标非常明确，他可以容忍各种形式的冒犯，而决不允许改变既定目标。克制力强的人意志都很坚定，遇挫折他会忍耐，能宽容他人的不忠及势利小人的当面侮辱。对冒犯及侮辱，他能克制自己，按捺住怒火。他知道大吵一通，打他个头破血流只是匹夫之勇，却偏离了自己的奋斗目标。

克制型性格的人善于排除干扰，专心致志于既定的目标，为实现理想创造机遇。例如：你正在准备考研究生，时下这是热门。可是，你的时间总不由自主地插进一些意想不到的活动，如同学生日，邀请你去参加生日宴会；电视转播精彩的足球比赛，同学一定让你一起观看；电影院正在放映进口大片，同学盛情请客，一定让你到场……毫无疑问，你去参加这些活动的理由极其充分。但是，克制型性格的人为集中精力考研，会克制一切影响考研的欲望，婉拒同学的盛情邀请。克制型性格的人对自己的奋斗目标非常明确，为达目的他会矢志不渝、坚持到底。这种人面对诱惑会不为所动，遭遇磨难能耐住性子，一切都遮不住他紧紧盯着目标的眼睛。克制型性格的人知道该干什么，分得清什么应该优先完成，抓住机遇不放。

当然，克制型性格也有缺陷。克制型性格的人凡事持忍让态度，苦留给自己吃，气往肚子里咽，认为吃亏是福。这种处事态度可以化解许多危机，换取机遇。但是，凡事都有个度。过分忍让，变成忍气吞声，逆来顺受，也会影响你的成功机遇。

机遇是争来的，有理就要争。忍气吞声、逆来顺受，机遇可能就不是你的了。而克制型性格的人处事过分克己，过分忍让，有时是有消极作用的，会坐失良机，或桃子已被猴子摘去，自己却全然不知。

克制型性格的人善于独立思考，属于自己管好自己的类型。但是，过分的自我意识使他有离群索居的倾向，变得自我孤立和孤芳自赏。本来自律严谨是好的性格倾向，可是由此演变成禁欲、孤独、离群，以至于完全脱离现实生活，最终容易演变成为病态，也就无机遇可言了。机遇是生活中的机遇，离开生活便没了机遇。

克制型性格的人对自己要求非常严格，但也容易按自己的生活准则去要求别人，使许多与他共事的人受不了。不能通融是人际交往上的苛刻，其相关表现还有不关心他人痛苦，在别人遇到困难时不愿意伸出援助之手。这种由自制演变成的以自我为中心，以至于排他，会使人际关系紧张，无法与人合作。虽然没发生冲突，却也使人感到不安。到了这种程度，好品格的积极作用就没了，个人所承受的是好品格的副作用。

成功者说

克制型性格的人应该把握好自己性格的度，忍让但不要发展成忍气吞声，自制但不要演变成自我孤立、脱离现实，严谨但不要让它过分，以至于不能通融。能做到这些，将无往而不胜。

选择性敏感是成功秘诀

敏感型性格的特点是敏感、柔弱。一般而言，敏感型性格的女性比男性多。敏感型性格的人想象力丰富，但是也会感情用事、不冷静、缺乏忍耐力。

敏感型性格是极其矛盾的性格，一方面“敏感”为成就大事业所必备，另一方面又因神经过敏、感情用事而引起祸端。因此，敏感型性格的人可能分成截然不同的两种命运：一些人成就了大事业，而另外一些人灾祸不断，一辈子郁郁不得志。那么，什么原因影响了后一部分人呢？

敏感而又关心小事是那些无法取得事业成功者的共同特点。他们专门在小事上神经过敏，在小事上感情用事甚至冲动，因此挫折不断。神经过敏主要表现在人际关系的过分敏感。生活中不相干的一件小事都会被怀疑是冲着自己而大哭大闹，或纠缠不休。

对于神经过敏的人，人们都不愿与之共事，担心不知什么时候惹来麻烦。领导也敬而远之，怕被缠上无法脱身。要是到了这种地步，还会成功吗？感情用事的一大特点是冲动，头脑一热就付诸行动了，至于后果，冲动时已来不及深思熟虑。

认真负责、坚忍不拔、工作能力强是这种人的特长。他们平常能抑制感情、冷静工作。所以适合做秘书之类的工作，也适合做总务、内勤之类的工作。如果能激起深藏于内心的同情心，那么护士、福利方面的工作也是比较适合的职业。

然而由于特别腼腆，不适合做与人交往的工作，最好是躲开销售、到处出差的公司职员之类的工作。

感情用事的人不宜经商。买卖人为赚钱需要使用技巧，也讲究和气生财。而感情用事的人视商业技巧为“阴谋诡计”，甚至会因此而冲动，买卖谈不成，还会伤了和气。感情用事的表现千奇百怪，但都可归之于小题大做、因小失大。

敏感型性格有积极的一面，也有消极的一面。就积极面而言，许多重要的工作不敏感不行；而就消极面而言，过分敏感常是挫折和失败的根源。日本著名作家川端康成几乎接近极端的敏感，能抓住任何瞬间的美。这种从他青少年时期就逐渐形成的性格使他成为一代大文豪，同时也使他走向了自杀的不归路。

敏感型性格的人的机遇在于个人树立远大抱负，纠缠小事是终生应忌的。

敏感型性格的人想象力丰富，可以运用创造性想象及推理方面的特长创作文学作品，成为科幻或推理小说作家。爱因斯坦说过：“想象比知识更重要。”一切发明创造都离不开想象，敏感型性格的人也有成为科学家的潜质。

敏感型性格的人也可以选择军事指挥、刑警、新闻记者等具有挑战性的工作作为奋斗方向。因为敏感型性格的人具有常人所没有的感悟能力，当普通人毫无知觉的情况下他会敏感地意识到某件事会发生。许多工作都需要敏感型性格的人去从事，如围棋、象棋。即使表面上看似简单的足球教练，其实并不简单，需要的是敏感和悟性，他个人会不会踢球倒在其次。足球总不能突破，与我们选拔教练几乎清一色是运动员出身，而没考虑到他的悟性有关。诸葛亮指挥千军万马，但他自己不一定非得会舞枪弄棒不可。

成功者说

成功者要立志干大事，起点要高，志向要远。当你为远大理想而奋斗时，就不会整天纠缠鸡毛蒜皮的小事了。

倔强者待人要和顺

2006年，英国女子简·汤姆林森骑车横跨美国，行程6700多公里，耗时63天。6年前，汤姆林森被告知患有晚期乳腺癌，只能再活6个月。但她不愿放弃，决心证明一纸癌症诊断书并不意味着生命的终结。几年时间，她成功完成了纽约马拉松和伦敦三项全能比赛，曾骑自行车从罗马到达英国约克郡，还完成了全程铁人三项赛，并三次参加伦敦马拉松赛。为了表彰汤姆林森的顽强精神，英国女王授予她帝国勋章。

有一些采访过汤姆林森的记者暗示说，汤姆林森偶尔会大发脾气和容易发怒，性格十分倔强。不过她身边的人说，倔强正是她获得成功的不可少的因素。

"就在动身跨越美国之前，她得了大病，"她的丈夫迈克补充说，"我们想过要放弃，实际上我还为此恳求过她。但她就是有那么一种天生的倔强，而在她踏上征途之后，到最后真正支撑着她的，恰恰就是这一点。"

倔强一般来说是一种好性格。在文学作品里，"倔强"总用来描写英雄人物，他们或在敌人面前坚强不屈，或在改造自然、改造社会的斗争中不怕困难和挫折。

假如你是正在学校学习的学生，那倔强的性格会帮助你克服一个个困难：知识由浅入深的困难、家庭经济的困难、学校离家远的困难等。倔强会伴你闯过中考、高考而进入高等学府。假如你是企业领导者，倔强会伴你在激烈的竞争中战胜对手，把你带向胜利的峰巅。假如你正在与你的女友谈恋爱，倔强的个性一定会帮你赢得女友的芳心，因为女孩子更希望自己的伴侣坚强、有力量。总之，无论是学生、科研工作者还是企业家，倔强都是勇攀高峰必不可少的品质。

但是，倔强这种性格表象对于处理人际关系也会带来许多不快和误解，影响上下级和同事之间的团结和信任。人们希望人与人之间的关系比较和顺，而倔强则给人太累的感觉。因为性格倔强的人比较执拗，有十四匹马也拉不回来的韧劲。这在外敌入侵、与侵略者斗争时是可贵的品质，可是在处理人际关系时就不容易起好作用。

尤其是在处理与领导者的关系时，性格倔强的人会使领导为难，时时感到心中不快。倔强的人有斗争精神，他们敢于斗争，但是领导不是敌人，通常情况下是属于你必须服从的那种人。倔强的人，由于性格，也会与领导对立，不把领导人放在眼里。每当领导与他商量工作时，他都直言不讳地提出意见。领导会误解成顶撞自己、成心找茬。心胸宽广的领导知道他就是这种倔强性子，不与他计较，而心胸狭窄的领导对你说的每句话都要琢磨，想明白究竟为什么你这样为难领导。是有野心？是瞧不起领导？是什么事得罪了你？他弄不明白，咽不下老被你顶撞这口气，他逐渐形成对付你的办法，他要采取行动。于是你就会被领导今天动一次、明天动一次，让你总在不安中生活，让你为顶撞领导付出代价。有的领导可能比较有城府，他不与你正面交锋，表面上他客客气气，其实他早已不知为你的哪句话，为你的哪件事和你较上劲了，而你还不知道。他把你与“蛇蝎”一样的同事调在一起，让你被“蛇蝎”天天撕咬，让你神经受刺激。这种领导会用借刀杀人之计，然后说你的处境他一点也不知道。这又是一种让你付出代价的方法。经受来自领导的打击后，倔强的人一般不知悔改、不知调整自己的个性。性格倔强的人少成功机遇，就是这个道理。

倔强的人与同事关系多数也不和谐，人们对这种人往往敬而远之。倔强的人心眼不坏，他敢打抱不平，敢扶人于危，所以倔强的人有朋友，甚至是“铁杆”朋友。一旦他遇到困难，出面帮忙的人很多，会出现许多感人的场面。但倔强的人处理不好与广大群众的关系，因为他给人家的印象是不好接近、不近人情。他对看不惯的人会不留情面，几句硬邦邦的话会使对方下不来台。如果对他不服，他会闹得不可开交。所以他有许多“点头”关系，对那些让他瞧不起的人也不想深交。

成功者说

倔强是一种复杂性格，正面负面效果都很明显。具有这种性格倾向的人应该善于把握自己，发展好的一面而克服消极的一面。

外向型性格的改善方向

大多数成功者，尤其在经济领域的成功者多是外向型的性格。但是众多的失败者也是外向型性格。外向型性格不如内向型性格“安全”。因此，完善外向型性格的方向是“向内”，增强性格的稳定程度。

一般而言，擅长社交是外向型性格的长处。如果给人的印象是八面玲珑、得意忘形、稀里糊涂，那么就会对你的工作和生活带来不良影响。如果溜须拍马、阿谀奉承，就更为不利。周围的人会认为你的格调很低下，于是就会轻视你、不尊重你，别人认为你缺乏诚实，那么你就会得不到真诚的友情。因此，社交活动过于频繁，反而有得不偿失的结果。

外向型性格的人能迅速做出判断，但其判断往往只限于善恶、正邪、有用无用等极端化的判断。对于事物的情况则较少顾及，忘了其中关系也有区别。在工作方面，除轰轰烈烈和简单、轻松者外，更有多种形式。对待生活，也不应采取孤注一掷或碰运气的简单方法。

外向型性格的人工作都很积极，这是长处。但不足之处是，有时由于厌倦、疲劳就半途而废，或一项工作没完成就转向其他工作。这种人犹如优秀的短跑运动员，擅长起跑后的加速跑，却不善需耐力的长跑运动员。他们容易暴露缺乏耐力的弱点。在工作中往往一个人承担一切，负担过重，由此被人称为干将并博得好评，但也容易四面树敌。因此，在工作中不要一人独揽一切，有活大家一起干，把部分工作委托给他人做。应注意能量的控制和贮存、分配和节省，以及合理使用。

外向型性格的人长处是能高瞻远瞩地思考、观察事物。不注意细微琐事，当然无可非议，但有时也会忽视不可忽视的事情。如果常常这样，难免会有轻率的表现。因此，外向型性格的人在工作、自己的人生设计、人际关系及生活等方面应注意克服这种粗心大意，不要功亏一篑，使自己的努力和辛苦，仅因一点失误就付之东流。

外向型性格的人，对外界事物有兴趣，而缺少丰富的内心世界。这种类型的人，应去写作或欣赏诗歌，观赏绘画、雕刻、音乐和戏剧，自己绘画或演奏乐器来丰富自己的精神。此外，还应培养丰富自己的兴趣，阅读一些小说、随笔和评论，观看电影。不要只注重实利和实用，还应尽力培养情操，多多思索。这样，就可成为既有深度，又有广度，并充满人情味的人。

外向型性格的人适合集体工作的职业。公务员、公司职员等。记录、记账、资料整理、机器操作、实验等工作是不适合的。总之，外向型性格的人比较适合和周围的人一同协力的工作。因此，最适合与人接触频繁的工作。杰出的公关人员，大多都是这种类型的人。外向型性格的人也适合从事宣传和教育。如果有卓越领导能力的话，也适合指挥、监督、领导别人，其中也不乏成功的实业家及政治家。

成功者说

外向型性格的人一定要结交内向型性格的朋友，因为这种人能潜移默化地给你带来影响，是你学习的好榜样。如果是工作上的密友，内向型性格人的意见或辅佐一定有用。

有智慧才能去冒险

机遇可能来自需要冒险的工作，当别人犹豫的时候，你迅速决断，大胆承担起来，很可能这就是改变你的命运的关键一步。

在工作中，勇敢型性格的人与妥协型性格的人大不一样。妥协型性格的人会搞好与同事的关系，他的原则是与他人保持绝对一致。而勇敢型性格的人会在特殊环境下（例如战争、救灾、高风险的项目等）脱颖而出，成为领袖。因此，可以说勇敢型性格的机遇是冒险得来的，他命里注定得从事像走钢丝一样高风险的事业。这种高风险事业除了政治、军事之外，也包括经济。

老子云：“祸兮福所倚，福兮祸所伏。”勇敢型性格的人冒险拼得的机遇的事例举不胜举。敢干与易冲动是孪生兄弟。但敢干是勇敢，值得称赞；冲动是不理智，令人反感。

人在冲动时，理智不能控制其语言和行为，因此会说出伤人的话、泄密的话、违反政策的话、侵犯人权的话，等等。更严重些，还会干出超出常理的事。这些会使已有的成绩付诸东流，原本良好的公众形象受到破坏，本该结婚的恋人可能因此分手，本该晋升因此作罢，本该财气兴旺因此转向萧条……总之，各种成功机遇都可能因一次冲动而丧失。

鲁莽是勇敢型性格的又一消极表现。他有时说话未经考虑脱口而出，做事未经深思便出手。这些看似“小节”，但会顷刻间毁掉前程，所造成的恶果令你后悔莫及。有时人们对你办的好事记不太清，但对你的一次鲁莽行为的印象永不磨灭。如果不重视这一点并加以改正，机遇都会被你吓跑。

千里之堤毁于蚁穴，勇敢型性格常为一点疏忽而追悔莫及。因此，勇敢型性格的人不能满足于大而化之，还应养成办事认真的习惯。

以上所述好冲动、莽撞、粗心大意都是与大胆敢干结伴而行的，这几个特点是勇敢型性格的人获得成功的障碍，甚至足以毁掉你冒险创下的成就。

成功者说

敢于冒险的性格特点表现在前瞻性、挑战性和风险意识上，要发挥它的长处，必须有相应的科学文化知识作为基础，所以一定要跟上时代发展，不断充实知识，使胆量具有更多的含金量。

暴跳如雷注定失败

暴躁是人的极端的情绪表现，遇事好发急，不能控制感情。这种不良的个性品质，多见于性格外向兼有神经质倾向的青少年。其主要表现是沉不住气，易激动，听到一句不顺耳的话就火冒三丈，甚至唇枪舌剑，拳脚相加。

暴躁是人的性格在一定情况下的外现。尽管暴躁很普遍，却不是一种独立性格，而是附属性格。

暴躁不是人的常态，而是特定情况下的一种状态。而这个"特定情况"就是性格的根源。这种"特定情况"是多种多样的，因此暴躁分成若干种类。对各种不同类型的暴躁要善于区分，不可一概而论。

暴躁情绪的类型 *type of irritable*

敏感型的暴躁：钻牛角尖，发脾气，纯属小题大做。

抵抗型的暴躁：遇到强敌，发脾气是与强敌一决高低。

怀疑型的暴躁：发脾气是对所怀疑的事的不满。

情绪型的暴躁：发脾气以求情绪的舒解。

激进型的暴躁：产生了极端的思想，发脾气以求压倒对方。

任性型的暴躁：发脾气的目的多为要弄对方。

耿直型的暴躁：发脾气为争只言片语的输赢，沾火就着。

孤独型的暴躁：发脾气是为了讨伐不公。

兴奋型的暴躁：兴奋点受到压制，发脾气可得到舒解。

忧虑型的暴躁：发脾气是为让别人分担他的愁闷。

紧张型的暴躁：急于求成，发脾气是冲破困扰的挣扎。

如此可以看出，许多类型的性格都有暴躁的一面。暴躁并不是一种单一的性格，而是种种不同性格的同一状态给人们留下的印象。

暴躁并不是通常理解的那样，是纯自然状态，一些政治家、军事家常故意大发脾气，以人为的暴躁状态当武器。

暴躁也有程度上的区别。轻微暴躁是人天性的一部分。谁都难免遇到不快、着急上火，发发小脾气属轻微暴躁，轻微暴躁不会给他人造成伤害，有时人们为安慰发脾气的人，还会故意逗乐。轻微暴躁的人在集体中颇有人缘，是开朗、热情、乐于助人、朝气蓬勃、外向合群的一类。他们虽然偶尔会发发脾气，但仍然讨人喜欢，谁也不放在心上。人们总记得他乐于助人的那一面，并且有事还愿意找他。

中度暴躁要严重一些，会给发脾气的对象留下一定创伤，并且不易忘却。但一般发脾气理由比较充分，不会乱发脾气。如果说轻微暴躁发的是小家子气脾气，那么中度暴躁发的就是有气概的脾气。中度暴躁对不相干的人基本没有影响。人们知道他爱发脾气，但仍喜欢与他相处，但那些讨厌发脾气的人会与他疏远。

严重暴躁近乎病态、疯狂，不在乎地四处乱跑乱叫，而且因小事也能恶性发作。这种人在集体中不受尊重，人们认为他神经不正常。暴躁无论是什么类型，只要变成恶性发作，其危害都很大。

成功者说

性格心理学认为，性格方面的问题首先要“认识自己”，当事人只要认识到了就有可能克服自身的弱点。苏格拉底告诫人们要“认识自己”，认识自己脾气的严重、暴躁的危害。充分认识了，才能有办法改变自己。

感知他人的人格特质

清朝名臣曾国藩指派李鸿章训练淮军时,李鸿章带了三个人求见,请曾国藩分配职务给他们。不巧曾刚好饭后出外散步,李命三人在室外等候,自己则进入室内。

等到曾散步回来,李请曾传见三人。曾说不用再召见了,并对李说:“站在右边的是个忠厚可靠的人, 可委派后勤补给工作;站在中间的是个阳奉阴违之人,只能给他无足轻重的工作;站在左边的人是个上上之材,应予重用。”

李惊问道:“您是如何看出来的呢? ”

曾笑道:“刚才我散步回来,走过三人的面前时,右边那人垂首不敢仰视,可见他恭谨厚重,故可委派补给工作:中间那人表面上毕恭毕敬,但我一走过,立刻左顾右盼,可见他阳奉阴违,故不可用:左边那人始终挺直站立,双目正视,不亢不卑,乃大将之才。”

曾国藩所指左边那位,就是后来担任台湾巡抚的鼎鼎有名的刘铭传。

除了了解、改善自己的人格之外,及时地了解你的合作伙伴和竞争对手的人格也是必需的。了解某人的人格,可以使我们预料他在特定情况下可能采取的态度和行为,以避免消极行为而引导积极行为。

不要认为人们会将自己的人格掩盖起来。一个人的人格会影响他的情绪,通过一个人的外在表现,就可以判断出一个人的人格。只有极少数经过严格训练的人才能掩盖自己真实面目。

测量人格的常用方法有五种,即观察法、自然实验法、问卷法、访谈法与投射法。观察法是在日常生活中,通过被试者的言语、表情和行为等外部表现来了解其心理活动的方法。在古代,相面是重要的人格观察法。罗马执政官恺撒认为:“我并不害怕这些肥头大耳的家伙,可那些面容苍白的瘦家伙着实让人操心。”

人们常说“眼睛是心灵的窗子”，它会毫不掩饰地表露出人的学识、品性、情操、趣味和人格。日本心理学家草柳大藏说，能否把对方掌握在自己手上，在最初的30秒内就可以决定了。当双方的视线互相接触时，首先翻眼皮的人，就是胜利者。反之，对方的心理动态，就被先下手为强的人操纵了，接着，对方的心理活动，也会落在后者的掌握之中。

除了眼神，也经常用笔迹分析人格，即谓“字如其人”。一般字写得越大、字间距越宽，人格就越内向；笔画较重，说明做事较踏实；字间距很挤、字体倾斜，说明外向、固执；总是一笔一画、字形方正，说明感情细腻、为人平和；笔画连笔越多，该人思维越活跃；笔画总是不直，这种人信奉“好汉不吃眼前亏”；字写得很漂亮、连笔适中的人，毅力较强，识大体，是潜在的领导者。如果有一个人字写得很挤，字体右倾，一笔一画，笔画很重，可初步分析他的人格为：固执，保守，外向，责任心强，多话，好得罪人，正直，生活有条理。

不过，利用观察法来测量、了解人的人格也有局限性。由于观察者对被观察者不做任何控制，仅对自然状态下所呈现的行为进行观察，因而观察者经常处于消极等待的被动地位，无法根据需要定向地获取被观察对象的有关行为表现，所获得的材料也具偶然性与片段性特征。观察还具有难以获得定量的精确数据、所用时间长、易受环境制约等缺点，几乎不能精确地剖析行动的因果关系，因此观察须用其他方法来弥补。在日常生活条件下，自然实验法是人们最常用的人格测量方法。

自然实验法 *natural experiment*

在日常条件下，结合被测试者的工作、学习、活动情景进行的实验称为自然实验。利用自然实验观测被试获取行为素材的方法，即为自然实验法。自然实验法在测量人格方面有其独特的作用。观察者可以人为地创设某些能引起被试特定行为的实验情境，然后观察被试的行为方式，便能大致确定被试的某种人格特征。例如，要测量一个人的诚实程度，就可以专门设计一个实验情境，定向地引发被试诚实或不诚实的行为表现，通过观测便能大致确定被试的诚实程度。

自然实验法在生活中有大量的应用，例如恋爱中的姑娘常常对男朋友进行“考验”，在心理学上就属于自然实验法。人们普遍认为在旅行、饮酒时最能了解一个人的个性，也属于这种方法。

在了解他人人格的时候，要坚持一些评定原则，才能避免得出错误结论。

首先必须采用实事求是的科学态度，不能主观虚构。坚持观察的客观性，才能保证获得观察对象的真实情况。而得到了真实情况，才能得出正确结论，把握观察对象个性的本质特征。

其次要尽可能地从多方面对对象进行观察，把握对象的多方面属性。由于人的人格结构相当复杂，我们要客观地认识它，就要尽量全面、周密、细致、准确地观察它的各个方面、各种表现以及随时间的变化、沿空间的分布、产生的条件和周围环境的关系等，以便把握对象的全部规律和联系。

为了取得良好的观察效果，要尽量选择那些干扰少的典型条件进行观察。如果在纷繁复杂的观察条件中，各种因素交织在一起，很难达到对研究对象的真实了解。

成功者说

在了解、完善自我人格的同时，尽量探查他人的人格特点，有利于我们找到朋友，消除偏见，化解敌意。正如兵法所说：知己知彼，百战不殆。

要对自己有正确认识

有个人总喜欢显示自己跑得快的本事。有一次,他家被盗,他连忙去追贼。没多久,他就超过了窃贼,但还一个劲儿地跑下去。有人问他跑得这样急干什么,他说追贼。又问他:贼往哪里跑了?他得意地说:我早就超过他了,看现在连他的影子也看不见了!

任何心理上的极端状态都会给人的生活带来负面影响。适度的自信是理想的心理状态,而自信过度就会转化为自负。

自负是由过度的自我意识造成的。过度的自我意识会造成幻想,也常使人产生错误的优越感。从这种心理出发,就会自以为是、刚愎自用。文学家王尔德说:“人们把自己想得太伟大时,正足以显示本身的渺小。”自负心理就是盲目自大,过高地估计自己的能力,失去自知之明。

自负的人难免心高气傲,有的自视过高,总爱抬高自己贬低别人,把别人看得一无是处,总认为自己比别人强很多。有的则固执己见,唯我独尊,总是将自己的观点强加于人,在明知别人正确时,也不愿意改变自己的态度接受别人的观点。

自负的人也很少关心别人,与他人关系疏远。他们经常从自己的利益出发,不太顾及别人。不求于人时,对人缺少热情,似乎人人都应为他服务,结果落得门庭冷落。

自负的人还有很强的忌妒心理,大多自尊过分,看到别人取得了成就,忌妒之心便油然而生,极力去打击、排斥别人,并用“酸葡萄心理”来维持自己的心理平衡。当别人失败时,幸灾乐祸。

自负心理 *conceited*

心理学家通过调查发现,有四种人容易产生自负心理。

家庭教育是自负心理产生的第一根源。父母宠爱、夸奖,使他们觉得自己“相当了不起”。

遭受过许多挫折和打击的人很少有自负的心理，而生活一帆风顺，则很容易助长自负。

有些人缺乏自知之明，无视自己的短处，又把自己的长处看得十分突出，对自己的能力评价过高，对别人的能力评价过低，自然就产生了自负心理。

还有一些人的自尊心特别强烈，为了保护自尊心，在挫折面前，常常会产生两种既相反又相通的自我保护心理。一种是自卑心理，通过自我隔绝，避免自尊心进一步受损；另一种就是自负心理，通过自我放大，获得自卑不足的补偿。

自负的人是不愿意改变自己的态度或接受别人的观点，接受批评即是针对这一特点提出的方法。它并不是让自负者完全服从他人，只是要求他们能够接受别人的正确观点，改变过去固执己见、唯我独尊的形象。

自负者视自己为主宰，无论在观念上还是行动上都无理地要求别人服从自己。平等相处就是要求自负者以一个普通社会成员的身份与别人平等交往。一个人想让别人怎样来对待自己，就要怎样去对待别人。

哲学家老子说："良贾深藏若虚，君子盛德若愚。"意思是说，好的商人总是隐藏其宝物，君子品德高尚，而外貌却显得愚笨。这句话告诉人们，必要时要藏其锋芒，收敛锐气，为人谦虚一些才好。在交往中，谦让而豁达的人能赢得更多的朋友；妄自尊大，自负高傲的人会让人反感，最终使自己成孤家寡人。

没有一个人能够有永远骄傲的资本，即使一个人在某一方面的造诣很深，但如因自负而停步不前，则必将很快被同行赶上，被后人超过。

像爱因斯坦那样的科学家，可说是有自负的资本，但他却不自负，所以才成了学问与人格都值得人们景仰的大师。当一个人正为自负所困扰的时候，可以采用以下方法试着进行矫正。

既然自负心理是自我认识的错误，那么就要全面地认识自我，既要看到自己的优点和长处，又要看到自己的缺点和不足，不可一叶障目不见泰山，失之偏颇。

认识自我不能孤立地去评价，应该放在社会中去考察。每个人生活在世上都有他人不及的地方，同时又有不如人的地方，不能总拿自己的长处去比别人的不足。

成功者说

要以发展的眼光看待自负。既要看到自己的过去，又要看到自己的现在和将来。“好汉不提当年勇”，辉煌的过去可能标志着一个人过去是个英雄，但它并不代表着现在，更不预示着将来。

克服自卑，增强自信

心理学家引导七个人穿过一间黑暗的房子。然后，他打开房内的一盏灯，这些人看到这间房子的地面是一个大水池，水池里有几条大鳄鱼，刚才他们就是从水池上方搭着的一座窄窄的小木桥上走过来的。

心理学家问：“现在，你们当中还有谁愿意再次穿过这间房子呢？”过了很久，只有三个胆大的站了出来。其中一个小心翼翼地走了过来，速度比第一次慢了许多；另一个颤巍巍地踏上小木桥，走到一半时，竟趴在小桥上爬了过去；第三个刚走几步就趴下了，再也不敢向前移动半步。

心理学家又打开房内的另外几盏灯，这时，人们看见小木桥下方装有一张安全网，只是由于网线颜色极浅，他们刚才没有看见。“现在，谁愿意通过这座小木桥呢？”心理学家问道。这次有五个人站了出来。

“你们为何不愿意呢？”心理学家问剩下的两个人。

“这张网牢固吗？”这两个人异口同声地问。

爱默生说：自信是成功的第一秘诀。积极乐观的心态能够让人战胜恐惧。失败的原因往往不是能力低下，而是信心不足，还没有上场，精神上首先败阵。乐观的心态能够让你战胜恐惧，成功地通过一座座险桥。一件事的成功，往往需要很多因素。而事实上你只要具备其中做好关键性因素的能力就可能获得成功，而你在非关键因素上的能力不足，并不影响成功。

在现代社会，许多人都可能因自卑而怯懦。个体心理学的创始人阿德勒认为，人在生活中时刻都可能产生自卑感，比如先天的生理缺陷，在家庭中的地位，走上社会后人与人之间的利害冲突等，都可能让人产生不完满、不得志、比别人差的感觉，还会因为同伴的怜悯、揶揄而加深自卑感。

无力感 *powerlessness*

心理学家卡尔·沃登做过一个实验：让一只白鼠饿上两天，然后把它关在笼子（哥伦比亚障碍笼）里面，再在笼子远处放上一两粒食物，让老鼠抓不到食物，而只有在接了电的栅栏上乱抓，它的爪子就会触电。老鼠越感到饥饿，就越想跨过电栅栏取食物。到第三天之后，老鼠即使得到食物，也会失去斗志，瘫软在角落里。心理学家解释这种现象为“无力感”，也就是所谓的“信心崩绝”。

心理学家发现，没有人可以抵挡一而再、再而三的信心毁损。一再被责难的人，即使是优秀者，自信也会毁灭。

有自卑心理的人，大脑皮层长期处于抑制状态，抗病能力下降，从而出现头痛、乏力、焦虑、反应迟钝、记忆力减退、食欲不振、早生白发、面容憔悴、皮肤多皱、牙齿松动、性功能低下等病症，导致衰老加快。而身体健康的破坏，将不可逆转地降低你成功的可能性。所以我们要想方设法消除自卑，建立自信心。

下面介绍日常生活中几种增强自信心的简易方法，你如能熟读这些原则，并有意识地努力实践这些原则，就一定能成为充满自信的人。

首先要有“坐在前面”的勇气。在集会时，总是后面的座位先坐满。许多人愿意坐到后排是因为不想为人注目，这多是缺乏自信心的缘故。你要反其道而为之，坐到前面去，给自己带来信心。

心理学家认为通过改变自己动作的速度，可以改变自己的态度。如果你走路比一般人快，就像是在表达这样的意思：我必须赶紧到很重要的地方去，那里有重要的工作非我去做不可，而且，在15分钟内我将出色地完成这一工作。所以,请把你走路的速度提高10%。

养成主动与人说话的习惯也很重要。越是主动和人谈话,信心就越强。以后与人交谈就越容易了。自我封闭的态度无异于对自信心的扼杀。对话时,养成盯住对方眼睛的习惯,正视对方的眼睛,无异于在向对方说明,你所讲的我是懂的,你对于我不是居高临下,而是平等的,我对你没有惧怕心理,我有信心赢得你的敬重。

笑能给人增添信心,表明“我有信心,我是一定能行的”。你需要的是自信而不是优雅,要放声地笑,不要笑不露齿。

有的人会因自卑产生强烈的反抗心理,急于改变自卑的地位,不顾他人的利益,极端自私,形成专注于自我的狂热的“优越情结”。要认识到,自信有三种类型:对自己能力的信任、对自己能力不足的信任和对自己潜在能力的信任。相信自己有本领去做事,从而心安理得、心平气和叫自信;相信自己没本事,而不去做事,不做仍然心安理得,也是自信。明知不可为而为之,是勇气;明知不可为,不理会别人的责难,坚决不为,不仅是勇气,更是智慧的体现。

成功者说

自信不是盲目地固执己见,而 是建立在自己的能力和对自己能力正确认识的基础上。培养自己对事业的必胜信念,并非意味着成功便唾手可得。自信不是空洞的信念,它是以学识、修养、勤奋为基础的,缺乏自信则是以无知为前提的。要使自信不坠于想入非非,必须伴之以勤奋。

缺陷不是成功的障碍

罗斯福8岁时，身体虚弱到了极点，呆钝的目光，露着惊讶的神色，牙齿暴露唇外，不时地喘息着。在课堂上回答老师提问时，他嘴唇微张，吐音含糊而不连贯，生气全无，简直就是低能儿童的典型。世界上像他一样的儿童，大都神经过敏，恐惧畏缩，不喜欢交际，顾影自怜，毫无生趣。但罗斯福并不如此，他虽有在别人看来很严重的缺陷，但他有奋斗精神，有人定胜天的信心，这使他成功地克服了自己的缺陷。

生理上的不足所引起消极的自我暗示也是导致自卑的一个很重要的原因。有些人因个子矮、过胖、五官不正、身体有残疾、缺陷等，感到压力重重，担心自己被人耻笑，因此而离群索居，不敢主动交往或接受友谊，抑制了自己天性的发挥。

每个人的身体都不是完美无瑕的，都存在或大或小的缺陷。自身的缺陷往往是你无法改变的事实，任何企图掩盖或回避缺陷的做法都可能导致消极的结果。敢于正视缺陷，并把它当做奋斗的动力，即使你有天大的缺陷，也无法阻挡你获得成功。

罗斯福是怎样去克服缺陷的呢？他毫不自馁于天赋的贫薄，反而将其变作通往成功道路的基石。他绝不怨恨先天的缺陷，更不姑息身体的虚弱，也不是消极地仅仅依靠治疗，或避居山林，而是采取积极地锻炼，和健康的孩子一样，活泼自由地骑马、划船和做剧烈的运动。罗斯福用坚毅的态度对付他畏怯的天性，用忍耐的精神克服先天的缺陷。他处处以快乐和蔼对待人们，摒除怕羞、畏缩和不喜交际的个性。皇天不负有心人。在进入大学之前，罗斯福已获得极大的成功，成为人们乐于接近、精神饱满、体力充沛的青年了。他经常在假期到大草原去追逐野牛，到深山中狩猎巨熊，甚至到非洲去袭击狮子。

跨栏定律 *hurdle law*

生理心理学上的“跨栏定律”，是指患病器官并不像人们想象的那样糟，相反，为与疾病抗争，它们往往比正常器官机能还强。

美国一位外科医生在解剖肾病患者的遗体时，发现死者患病的肾脏比正常的大，另外一只肾脏也大得超乎寻常。在多年的医学解剖中，他发现包括心、肺等几乎所有人体器官都存在着类似的情况。他认为患病器官因为和病毒作斗争而使器官的功能不断增强。如果有两只相同的器官，当其中一只器官坏死后，另一只就会努力承担起全部的责任，从而使健全的器官变得强壮起来。

自己的缺陷，如果自知其不能除去，不妨利用它作为个性的标志，好像商品的商标一样。有些时候，你的缺陷也确实可以成为你独特的标志。缺陷，你可以作为懒惰的护身符，以求得别人的同情原谅，但也可以借此激励自己努力奋斗，克服困难。对缺陷持什么态度完全靠你的意志决定。

成功者说

成功者不仅有刚毅的精神，不为天赋的缺陷所屈服，更会有自知之明，深知自己的缺陷，不因聪明、勇敢、强健而稍有放任。他们能正确认识自己的缺陷，何者可以克服，何者应予利用。

成功需要脚踏实地

老吴是某事业单位的普通干部。他近年来一直心神不定，老想出去闯荡一番。看着别人房子、车子、票子都有了，他心里慌。炒股赔多赚少就去摸彩票，一心想摸个500万，可结果花几千元连个响都没听着，心里就更慌。后来老吴跳了几家单位，不是嫌这个单位离家太远，就是嫌那个单位专业不对口，再就是待遇不好，反正找不到合适的工作。后来听说某人很有钱，老吴于是写信去，说自己很困难，可他们连信也没回，气得老吴又去信大骂了一顿。为此老吴心理失衡，但这种恶作剧让老吴解了恨。老吴对心理医生说："反正我心里就是不踏实，好闷得慌啊！"

《孟子·公孙丑上》有则寓言，说的是宋国有个种田人，为了让自己田里的禾苗长得快一些，就下到田里把禾苗一棵一棵地往上拔。拔完回到家，他对家人说："今天累坏了，我帮助田里的禾苗长高了。"他的儿子听后，忙到田里去看，只见禾苗全都枯萎了。今天用来比喻强求速成反而坏事的成语"揠苗助长"，就源于这个故事。

浮躁的人做事情往往既无准备，又无计划，只凭脑子一热、兴头一来就动手去干。他们不是循序渐进地稳步向前，而是恨不得一锹挖成一眼井，一口吃成胖子。结果呢，必然是事与愿违，欲速不达。

作为一种心理现象，浮躁的内核是人朴素的、本能的生命冲动和物质欲望，浮躁的深层特点，是重外延轻内涵，重数量轻质量，重表面轻实际，重短期轻长远。它与艰苦创业、脚踏实地、公平竞争是相对立的。浮躁使人失去对自我的准确定位，使人随波逐流、盲目行动，对个人和集体都极为有害，必须想方设法减少和消除这一不健康的心理。

浮躁心理 *impetuous*

在心理学上，浮躁主要指那种由内在冲突所引起的焦躁不安的情绪或人格特质，有的心理医生把其纳入"亚健康"之列。

从社会方面上讲，有些人很难把握自己的未来。那些处于社会中游的人患得患失，焦躁不安，迫不及待，就不可避免地浮躁起来。

从主观方面看，与人攀比是产生浮躁的直接原因。社会的发展变化，使人们的工作、生活等都随之发生变化，在变化中有的人较早获得成功，这对滞后者有刺激，心理适应力差的人便与之攀比，造成浮躁心理。

浮躁的人自我控制力差，容易发火，不但影响学习和事业，还影响人际关系和身心健康，所以应该力戒浮躁。怎样才能戒除浮躁呢？我们知道，轻浮急躁和稳重冷静是相对的，因此，力戒浮躁必须培养稳重的气质。

稳重冷静是一个人思想修养、精神状态美好的标志。一个人只有保持冷静的心态才能思考问题，才能在纷繁复杂的大千世界中站得高、看得远，才能使自己的思维闪烁出智慧的光辉。诸葛亮讲的“非宁静无以致远”就是这个意思。我们如能把“宁静以致远”作为自己的座右铭，那定会有助于克服浮躁的缺点。稳重冷静，是事业成功的一个重要条件。

要树立正确的人生观。不能崇尚个人主义、拜金主义和享乐主义，要树立正确的人生观。遇事善于思考，从现实出发，以平常心态思考喧闹之事。不为时尚所迷惑，不为潮流所左右。“淡泊以明志，宁静以致远”，命运掌握在自己手里，道路就在自己脚下，既要站得高、看得远，又要稳得住、做得细。

其次要有务实精神。对待人生和事业，既要有长远目标，更要脚踏实地，这是开拓的基础，是创新的源泉。人生非一朝一夕，应当循序渐进，一步一个脚印，稳步沉着地向前推进。花拳绣腿只能虚张声势，形式主义更于事无补。

《荀子·劝学》有一段发人深省的话：“蚓无爪牙之利，筋骨之强，上食埃土，下饮黄泉，用心一也。蟹六跪而二螯，非蛇鳝之穴无可寄托者，用心躁也。”螃蟹有六条腿和两只蟹钳，自身条件比蚯蚓强得多，但由于浮躁，如果没有蛇和鳝的洞穴就无处栖身。可见，只要心恒志专，即使自身条件差，也能有所成就；自身条件再好，性情浮躁，也将一事无成。

成功者说

浮躁的人一般做事无恒心，见异思迁，不安分守己，总想投机取巧，盲动冒险脾气又大。人浮躁了，终日会心神不宁，焦躁不安，长久下来，就会被生活的急流挟裹，丧失自我。

第五章

成功者要有良好的习惯

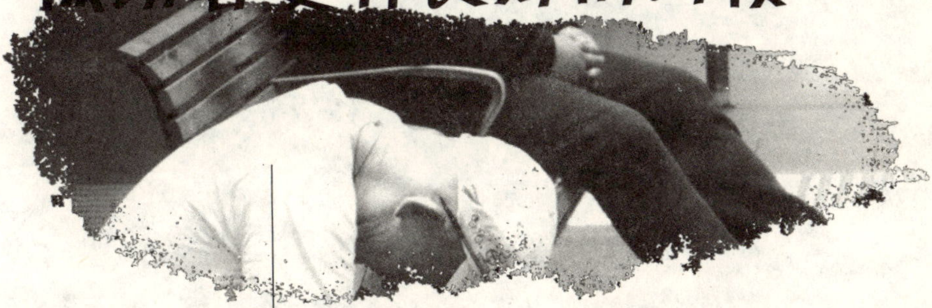

习惯在不知不觉中，经年累月地影响着我们的行为，影响着我们的效率，左右着我们的成败。所以，在实现成功的过程中，除了要不断激发自己的成功欲望，要有信心、有热情、有意志、有毅力等之外，还应培养优良习惯。

一位没有继承人的富豪死后将自己的一大笔遗产赠送给远房的一位亲戚，这位亲戚是一个常年靠乞讨为生的乞丐，乞丐立即成了百万富翁。

新闻记者便来采访这名幸运的乞丐："你继承遗产之后，想做的第一件事是什么？"

乞丐回答说："我要买一只好点儿的碗和一根结实的木棍，这样我以后出去讨饭时方便一些。"

亚里士多德说："人的行为总是一再重复。因此，卓越不是单一的举动，而是习惯。"习惯在不知不觉中，经年累月地影响着我们的行为，影响着我们的效率，左右着我们的成败。所以，在实现成功的过程中，除了要不断激发自己的成功欲望，要有信心、有热情、有意志、有毅力之外，还应该培养良好习惯。

珍惜有限的时间

在一间书店里，一位犹豫了将近一个小时的男子终于开口问店员了："这本书多少钱？"

"1美元。"店员回答。

"1美元？"这人又问，"你能不能便宜点儿？"

"它的价格就是1美元。"

这位男子问："你们的老板约翰先生在吗？"

"在，"店员回答，"他在印刷室忙着呢。"

这个人坚持要见约翰。于是，约翰就被找来。这人问："约翰先生，这本书你能卖的最低价格是多少？"

"1美元25美分。"约翰不假思索地回答。

"1美元25美分？你的店员刚才还说1美元一本呢。"

"这没错，但是我情愿倒贴1美元也不愿意离开我的工作。"

这位男子十分惊异。他心想，算了，结束这场由自己引起的争论吧。他说："好吧，这样，你说这本书最少要多少钱吧？"

"1美元50美分。"

"又变成1美元50美分？你刚才不是说1美元25美分吗？"

"对。"约翰说，"我现在能卖的价钱就是1美元50美分。"

这个男子默默地把钱放在柜台上，拿起书出去了。约翰给这个男子上了终生难忘的一课：对于有志者来说，时间就是金钱。

哲学家伏尔泰曾问：世界上哪样东西是最长的又是最短的，是最快的又是最慢的，是最能分割的又是最广大的，是最不受重视的又是最令人珍惜的；没有它，什么事情都做不成；它使一切渺小的东西归于消失，使一切伟大的东西生命不绝？答案就是"时间"。

人们大多只担心财物的损失，却不担心时间的损失。失去时间就如同失去生命。每天都是很重要的一天。不管怎么过，自己的生命都少了一天。

时间比任何商品都昂贵,因为它是"有限的",你无法创造,也无法花钱买到,只有不断减少和失去。因此,如何利用有限的时间,就决定了自己的生命是否丰富和有价值。在没有多大意义的事情上浪费时间有什么意义呢?若能把这些时间都拿来做更有意义的事,不是更有价值吗?所以,应该学会把时间投资在真正重要的事情上。

如果人的一生以 80 岁来计算,那么大约有 29000 多天,合 70 多万小时。可这只是"账面时间",而不是能用的时间,可供使用的时间远没有这么多。

比方说一个人 22 岁大学毕业参加工作,60 岁退休,那么他用于工作的时间至多不过 38 年。虽说退休后也可以继续工作,但毕竟人的精力已大不如前了,想要出大成果是难上加难。在 38 年中,若每天 8 小时用于睡眠,8 小时用于吃喝拉撒等事情,那么,剩下的工作时间仅 8 小时。这样一来,一生中工作的时间只有不到 13 年。除去周末和节假日实际工作时间不过 11 年而已。如果再除去浪费于吹牛、聊天等的时间,那么所剩下的时间就少得可怜了。

人获得最平常的资产也许就是时间。对时间的不同运用,往往会使人生变得富有或者不富有。更有人通过合理的方法,同时做两三件事情,等于凭空多出了一两倍的时间。许多成功的企业家习惯在吃饭时打开电视、摊开报纸,这样可以同时使用听电视的耳朵、看报纸的眼睛和吃饭的嘴。当然,一开始试着这样做时,可能会有些力不从心。而把三件事同时做好的秘诀,是做瞬时的意识变化,也就是 3~5 秒的精神集中于吃饭,再分别用 5 秒钟集中于看报和看电视,如此则有可能使三种行为协调进行。一旦养成了习惯,就会很自如。

一心二用 *synergistic processing*

协同处理是指同时处理几件事情,这在心理学上是可能的。因为人的大脑分为不同的区域,所以就可以同时处理不同的工作。虽然有人主张"一心不可二用",但不可否认的是,同时做几件事的人,他们的脑筋的确转动得很快,办事效率也更高,节约了大量的时间。

心理学家还特别强调对右脑的开发。人的左脑主管逻辑推理、判断、语言等，右脑负责处理图像、情感、节奏、音乐等创造性活动。左脑不断地接受限制性的信念、程式化的思维模式、僵化的思想观念，而右脑却长期处于“待业”状态。由于左脑的训练和感受，人们逐渐成为一个“半脑人”。只要能整合左右脑的优势，让它们有效地合作，达到完美的“全脑运作”状态，就能激发潜能。

无论是专心于一件事还是同时做几件事，合理的安排都是必要的。正如大文豪歌德所说：假如我们能用对时间，我们有的是时间。紧急的事不一定重要，重要的事不一定紧急。不幸的是，我们许多人把我们的一生花费在较紧急的事上，而忽视了不那么紧急但比较重要的事情。当你面前摆着一堆问题时，应问问自己，哪一些真正重要，把它们作为最优先处理的问题。如果你听任自己让紧急的事情左右，你的生活中就会充满危机。

成功者说

首先要确定每天的目标，养成把每天要做的工作排序的习惯。把明天要做的事，按重要性编号。如果你把最重要的任务安排在一天里你干事最有效率的时间去做，你就能花较少的力气，做完较多的工作。

怎样找回浪费的时间

一次，爱因斯坦与一位朋友约会。朋友没有按时赶到，他便来回地踱步思考问题。半小时后，朋友匆匆赶来，抱歉地说："对不起，耽误你的时间了。"爱因斯坦却不无得意地说："我正要感谢你呢。正是在你给我的这段时间里，我思考出来一个重要的科学论题的答案。"

生活中有很多零星时间，它们不像大块时间那样容易引起我们的重视，往往在不经心时就从身边溜走了。零散的时间是可充分利用的，如果能聚零为整，那么工作和生活将会更加轻松。所谓零碎时间，是指不构成连续的时间或一个事务与另一事务衔接时的空余时间。这样的时间往往被人们毫不在乎地忽略过去。零碎时间虽短，但是不断积累起来，其总和将是相当可观的。位于费城的美国造币厂处理金粉的车间有个放在地上的木格盘子，这是专为收集细小的金粉设置的。日积月累，每年可以因此回收成千上万美元。时间与黄金等价。有人用每天等候开饭的短暂时间，读完了长达12卷的《英国史》，还有人每天利用等待咖啡煮好的19分钟翻译《地狱》一书，这个习惯坚持了若干年，直到这部巨著的翻译完成。

懂得零碎时间的价值，并不等于能够巧妙地运用零碎时间。要利用好零碎时间，也要掌握一些技巧。

在空白的零碎时间里加进充实的内容，称为"嵌入式"的时间利用方式。人们由某种活动转为另一种活动时，中间一般会留下短暂的空闲时间，比如到某地出差时的乘车时间，会议开始前的片刻，找人谈话的等候时间等。对这种零碎的空余时间应该充分加以利用，做一些有意义的事情。也可以适当延长自己某次活动的时间，把零碎时间压缩到最低限度，使一项活动尽快转为另一项活动，减少其间的过度时间。

善于运用零碎时间要做到随身"三带"：笔、本和书报。这样可以见缝插针地学习，也能够随时把一些新的思想记下来，还可以记录零碎时间的利用情况。据统计,能自觉地运用零碎时间的人只占3%~5%。你若能成为其中一员,你离成功也就不远了。

从某种意义上说,时间管理的关键就是把浪费的时间找回来。所以,学习控制时间的技能,首先要分析你目前的时间使用状况,搞清楚时间是怎样被浪费的。大多数忙乱无章的人,浪费时间的最常见表现有:

工作缺乏计划性,经常把时间花在一些无关紧要的事情上,而最应花时间的任务却因时间不够而无法完成;

习惯性的拖拉,包括因为工作不能按时完成而拖拉,因为做事犹豫不决而拖拉,因为过分地追求完美而拖拉;

把时间浪费在嘴上,例如热衷于请客吃饭,沉醉于谈天说地,痴迷于"煲电话粥",人际沟通不得要领、废话连篇;

不会拒绝干扰,错误地认为满足同事、朋友或客户的请求可以取悦他们,从而获得他们的支持,结果是别人有事总来找你帮忙,你不但招架不住,还浪费了大量时间。

每个人对时间管理的认识,所持的态度与方法不同,但是最关键的部分是相同的,那就是了解你的时间是怎么用掉的。

有一位公司总裁,根据他的习惯,总是将自己的时间分为三个部分,并且将它们分别用在公司高级管理人员、重要客户及地区社会活动当中。但是专家花费了六周的时间跟踪记录他的日常工作,发现实际上这位总裁把大部分时间用在了调度工作上,随时了解他所认识的客户的订货情况,还为他们的订货打电话给工厂。一开始,他本人对这些记录并不相信,但在很多次看到类似记录之后,他终于相信,"关于时间的使用问题,现实要比想象可靠得多"。

时间管理是从记录你的时间是怎么用掉的开始的,当然这种记录绝不是一次性的任务,为了确保整个时间控制顺利进行,了解最新的时间使用情况,你可能需要不断地做记录。

有的人能够坚持每天以15分钟为间隔记录时间使用情况,这样做或许有些过分,将太多时间花在了"磨刀"上。其实你可以每天抽出一刻钟,记录当天时间的使用情况。

很多人之所以控制时间不得要领，基本上是对时间管理的关键问题——“什么事必须做”的理解有误。他们把大量的时间花在了那些可有可无的事情上了。其实最重要的是要让自己清楚地知道什么是必须做的任务,应该是能衡量自己绩效的任务。

控制时间的一项要诀,就是适当安排处理每项任务所需要的时间。一般而言,安排的时间过短,比时间过长更糟糕。因为这样,你就必须时刻提醒自己赶上安排的进度,而使实际情况变得比预计情况更糟。控制时间另一个要诀,就是不要对那些没有预计到的事情立刻做出反应,而要把处理这些事情所需的时间安排在机动的时间表中,将它们看成是其他时间才要做的工作。

成功者说

汇涓涓细流遂成大海,积点滴时间而成大业。事物的发展变化,总是由量变到质变的。“点滴”的时间看起来很不显眼,但这些时间积累起来却大有用场。

重要的事情要先做

效率专家艾维利仅用10分钟就使一家钢铁公司的业绩提高了至少50%。他交给公司总裁查理斯·舒瓦普一张白纸，说："在这张纸上，按重要性依次写下你明天要做的六件大事。"大约5分钟后，舒瓦普写完了六件事。艾维利说："现在你需要做的只是把这张纸放进口袋，明天你做的第一件事情就是把这张纸条拿出来，不要看其他的，只做第一项，然后用同样的方法对待第二件事、第三件事……直到你下班为止。即使你可能用一天的时间只做完了第一件事情，那么也不要紧。因为你已经完成了最重要的事情。"

后来，舒瓦普自愿付给艾维利25万美元的咨询费。五年之后，这个当年鲜为人知的小钢铁厂成为世界上最大的独立钢铁厂，利润整整提高了一亿美元。

我们每天都必须处理许多事务，大多数人的习惯是通过处理次要的事情来实现自我激励，然后用饱满的热情再去解决最重要的工作。但是，经过大量的工作，我们实际上已经疲惫不堪，几乎没有多少精力来做最重要的事，并且所剩的时间也不会很多。其实，有些人这样做的根本原因，是因为他们有严重的畏难情绪，是在回避最重要，同时也是比较困难的工作。

控制时间的高手会一针见血地指出：应按事情的重要程度编排行事，判断事情轻重缓急的根据是"现在做的，是否有利于更接近目标"。"重要程度'是指一件事情对实现目标的贡献大小，对实现目标的贡献越大的事情就越重要，越应该优先处理。

所有的任务都可以依据重要性和紧迫性分为四类：重要且紧急、重要但不紧急、紧急但不重要、既不紧急也不重要。既不紧急也不重要的任务还可以分为两种：挤占时间以及浪费时间。

可能大家都听说过"80／20定律"，这个定律的专业名称是"巴莱多法则"，是由20世纪初意大利社会经济学家巴莱多提出的。这项定律可以运用在各种实践里：在公司里，大约20%的职员带来80%的新生意；在讨论会上，20%的人发表80%的意见；在教室里，20%的学生占用教师80%的时间。

巴莱多法则也有助于应付一系列有待完成的工作。面对着一大堆工作，人们难免心存畏惧。于是大多数人在没有开始之前就感到泄气，或者先做最容易的，结果永远办不成最难办的事情。但是如果我们知道只要做其中的两三项，就可以获得最大的好处，那就会对我们大有帮助。因此列出两三项工作，各花上一段时间集中心力把它们完成。不要因为没有把所有工作全部完成而感到不舒服。如果所决定的优先次序是正确的，那么最大的好处已经由你所选择去做的两三项工作中获得。

重要且紧急的事情必须排在计划表的最上方。除非是这些紧急的情况都同时出现，否则你就能够处理它们。因为它们的紧急和重要，要比其他任何一件事都优先。

重要但不紧急的工作有一个共同点：尽管它们很重要，但是如果不采取行动，就会被无限期地拖延下去。如果这些事情没有涉及别人的优先工作，或规定期限而使它们成为“紧急”，就永远不会把它们列入优先的任务中。我们生活之中，大多数真正重要的事情都不是紧急的，比如参加培训、做健康检查或者建立退休计划。对这类工作的注意程度，可分辨出一个人是否真正懂得控制时间。

有些工作表面上看起来极需要立刻做，但是如果客观审视，就会把它们列入次优先的任务里面去。有些工作不是没有价值，但是既不紧急也不重要，人们常常在做更重要的事情之前先做它们。不过它们能够提供一种有事做和有成就的感觉，从而分散你的注意，让你有借口把更重要的工作向后拖延。

什么事情是浪费时间的，并没有固定的标准，需要具体分析。比如睡懒觉，看似浪费时间，但是如果你已经加班24个小时，那么它立刻成为重要且紧急的任务。我们认为应该为“浪费时间”建立标准。例如，你看完电视之后觉得很愉快，那么看电视就不算是浪费时间。但是如果事后你觉得看电视的时间不如用在打球或看书，你就应该将其归入“浪费时间”之列。

当你面临很多工作，而不知从何着手时，就应该牢记巴莱多法则。你要问你自己哪些事项是真正重要的，不要放下首要工作而去做次要工作。

有畏难心理的人必须要克服自己以往的习惯，在开始每一项工作时，都必须首先明白哪件事情是最重要的，哪件事情是最应该也是最值得花费最大精力去重点完成的，培养自己每天首先处理最重要工作的良好习惯。

我们做事的时候，还容易犯这样的错误：把一天的时间安排得满满当当的，以至于根本不可能抽出机动时间去处理工作中可能会出现的各类突发事件。如果一旦有始料不及的意外情况出现，我们就不得不放弃计划中的重要工作，来处理突发事件。而当天没来得及完成的工作，就势必加进第二天的工作表中，把所有计划打乱。

成功者说

事实上，绝大多数工作都不是百米冲刺，而是持久的马拉松赛。因此，即使没有突发事件，你也应当每天留些机动时间，可利用这些时间去很好地处理一些比较次要的问题，或者进行人际沟通。这样，你不仅可以从容地完成既定的任务，还可以从容地面对明天的挑战。

怎样避免拖延时间

美国著名历史学家诺斯古德·帕金森讲过一个例子。

一位闲来无事的老太太为了给远方的外甥女寄张明信片可以足足花一整天的工夫：找明信片要一个钟头，寻眼镜又一个钟头，查地址半个钟头，做文章一个钟头零一刻，然后准备送往邻街的邮筒。究竟要不要带雨伞？这一考虑又用去了20分钟。

照这样，一个人3分钟里可以办完的事，另一个人却要一整天的犹豫、焦虑和操劳，最后还累得七死八活。

拖延是偷窃时间的贼，如果你是个办事拖拉的人，那么你一定会浪费大量的宝贵时间。有拖延习惯的人会花费许多时间思考要做的事，担心这个担心那个，找借口推迟行动，又为没有完成任务而悔恨。在这段时间里，其实他们本来能完成任务而且应转入下一个工作了。

产生拖拉作风的原因有：心情不愉快、遇到了困难、因为事情重要而考虑过多、拖延习惯等。产生拖拉作风的根子是一种思维方式。这种思维方式是：任务必须履行，因此令人不愉快，所以拖延。如果你问做事拖拉的人一天的工作是怎么干完的，那么他一定会说："那很简单，我把它当做昨天的工作。"倘若你将思维习惯改成：任务令人不愉快，但是必须履行，做完后尽早忘掉它，就可以克服拖拉作风。

有些人办事过分小心，为追求完美而迟疑不决，浪费时间。要改变过分谨慎的习惯，首先要学会当机立断。世界上完美无缺的东西是不存在的，有了一定的把握，就要及时决策。如果在实施中发现问题，就要立即采取补救措施，否则等到限期临近才决策，就永远无法挽回。

有的人在工作中，稍有不如意就放下不干或等明天再干，这样一拖再拖，就有很多的事情给拖拉下来，而时间却悄无声息地流失了。如果你有这样的习惯，那你就是在浪费自己的生命。有三种对待拖拉的有效办法。

首先是养成良好的习惯。许多人拖拉，是因为形成了拖拉的习惯。对于这样的人，无论用什么理由，都不能使他自觉改变拖拉习惯。因此，需要重新训练，培养良好的、积极的工作习惯。

一个人再拖拉，到了非干不可的时候他就不得不干了，正如房子着火了，他就不得不迅速逃生一样。明白了工作的重要性就不会再拖拉下去，以免造成危害和其他人不满。

有的时候，拖拉的原因也许是你不喜欢做，这或许与你的个性或专长有关。这时候，你可以委托给别人去做。这样，事情也做了，你也不拖拉，对双方都是一个好事。

要克服拖拉首先要弄清做什么会使你的收益最大。你要专心致志地把精力投入在你认为重要的事情上面，不要让那些"不应该做的事"占用你的时间。

对于能够遵循即时处理原则的人，不但做起事来得心应手，而且还能轻松愉快、卓有成效。他们不寻找借口把今天的事拖到明天。因为他们已经养成习惯，凡是必须干的事就要马上处理完毕。

立即动手，不仅省去了记忆和从头再来的时间，而且解除了把一件事总挂在心上的思想包袱。当然，有些事情是需要深思熟虑，需要花时间详细考虑，但对于不需要再考虑的事，立刻动手显然是最佳方案。

遇到问题应立即弄清根源，立即处理，决不可拖延。很多事情并没有你想象得那么困难，只要行动起来，你就会在行动中找出解决问题的方法。立即行动的习惯可能会遇到不少障碍，但这些障碍其实是人们自己设置下的。

如果你多年来都因在最后期限的压力下工作而感到刺激，你可能是个喜欢制造危机的人。危机制造者完全相信只有在最后一分钟才会被激发起来。虽然连连抱怨没有时间，他们却觉得约会迟到，刚好赶上班机以及在一件未完成的工作间奔忙使他们得到了好处。危机制造者常让别人急得发疯，他们常常造出危机并试图在最后一分钟解决，想让自己看起来在压力下表现良好。如果你是个喜欢制造危机的人，那就应该努力平衡你的生活。学习如何在工作之外建立一种有价值的生活，学会提高你的工作效率和质量，戒掉突击的习惯。这会让你的生活从容不迫而不是危机四伏。

贪多的人最难意识到他们想要做的太多，因为每件事他们都认为是重要的，授权、拒绝以及设定优先次序不是他们的强项。如果你是一个贪多的人，那么应该首先明确在限定时间内完成任务，什么是必须做的，什么不是，对任务做通盘考虑。最重要的是要少允诺多完成。

完美主义可能也是拖延工作的常见原因。完美主义者不愿意着手工作，因为他们担心他们可能无法达到自己的标准。他将变得固执于细节，忽略工作的进程，直到最后一分钟来临。

成功者说

每个人都有推后的冲动，都会在不同程度上拖延工作。无论你拖延的习惯有多严重，事实上都可以改正。关键是一旦决定了自己要做的事，不管它是什么事，要立刻动手去做。

好习惯会使任务变得简单

在1984年东京国际马拉松邀请赛上,名不见经传的日本选手山田出人意料地夺得了世界冠军。两年后,山田又取得了米兰国际马拉松邀请赛的冠军。过了很久人们才知道山田成功的秘密。

山田说:“每次比赛前,我都要把比赛的线路仔细地看一遍,并把沿途比较醒目的标志画下来,比如第一个标志是银行,第二个标志是棵大树,第三个标志是座红房子……这样一直画到终点。比赛开始后,我首先奋力向第一个目标冲去,到达第一个目标后,我又同样向第二个目标冲去。42195米的赛程,被我分解成若干个目标后就轻松地跑完了。起初我并不懂个道理,总是把目标定在四十多公里外终点线的那面旗帜上,结果我跑到十几公里时就疲惫不堪,因为我被前面那段遥远的路程给吓倒了。”

人生应当有目标,否则,你的所有努力都将没有方向。以开设组织培训课程和个人培训课程而闻名的富兰克林-柯维公司,委托心理学家针对设定目标的重要性以及影响目标实现的因素进行了调查。研究发现,人们对生活的满意程度与成功实现目标的能力之间有明显的相关性。

研究者将生活的满意度划分为10个等级,10分代表完全满意。在给出生活满意度8分和8分以上的人中,经常为自己设定目标的人是不善于设定目标的人的两倍。所以,养成制订目标的习惯并且学会合理地制订目标,对于生活是非常有利的。

研究者认为,一个合理而有效的目标必须符合以下五个条件:具体(Specific)、可以测量(Measurable)、能够实现(Achievable)、注重结果(Reult-oriented)和有时间期限(Time-limited)。将这五个条件的英文第一个字母连接起来,就是“SMART”,也就是“聪明”原则。如果再简化一些,可以将有效目标的核心条件概括为两个:量化和时间限制。

“量化原则”首先指数字具体化,如果某一个目标能用数字来描述,就一定要写出精确的数字。其次是指形态指标化，即如果所确定的目标不能用某数字来描述，则必须进一步分解，将其表现形态全部用数字指标补充描述。

“时间限制原则”是指你所确定的目标必须有一个明确的期限，具体到某年某月。如果没有时间的限制，你可能会轻而易举地为自己找到拖延的借口，使目标的实现变得遥遥无期。将制订目标的原则习惯化，意味着你的目标不能太过高远，要尽可能具体，以便在生活中随时调整。

把目标量化分解为具体的行动计划，一般采用“逆推法”，即确定大目标的条件，将大目标分解成为一个个小目标，由高级到低级层层分解，再根据时限，由限期日逆推至现在，明确自己现在应该做什么。

用“逆推法”分解量化目标为具体计划的过程，与实现目标的过程正好相反。

即使你已制订了宏伟的计划，但你不可能一步达到，你还要制订一些小计划，当你把这些小计划完成后，你就成功实现了你的宏伟计划。一个看似庞大、艰巨的任务，如果分成一件件小一些任务来分段完成，往往就会变得简单易行。

在心理学中，这种方法叫“香肠切割技术”。假如你买了一根香肠，你不可能一次把整根肠都吃完，于是你要把它切成薄片。做事情也是这样，当你遇到艰巨的任务时，由于目标遥遥无期，心理惰性开始滋生，你开始习惯于拖延。如果你把它分成小块，一次做一点，当疲劳感到来之前任务就完成了，而新的任务带来的新鲜感则会消灭并不强大的心理惰性，最终会把整件事情都做完。

借用物理学的概念，问题的关键就是你要摆脱惯性，以便使事情运动起来获得动量。一旦你获得了心理动量，你就会循序渐进地实现自己的梦想。例如有一天你发现家里的墙壁有些破旧，需要重新刷一遍，但是搬家具等准备工作就让你大伤脑筋，于是你就一再拖延。解决办法就是一次一点地去做，拟定一个行动方案：第一周选定颜色；第二周去买颜料和刷子；第三周先刷一面墙……这样你就会把整间屋子全部粉刷完。

我们可以先根据总目标实现的条件，将人生总目标分解为几个 5～10 年的长期目标，再根据长期目标的实现条件将其分解为若干个 2～3 年的中期目标，再继续将其分解为若干个6～12个月的短期目标，进而将每一个短期目标分解到每个月、每周甚至每一天。这个好习惯使你的每一件大事都会变得简单易行。你最想做成的事情，可能是需要花费时间最多也是最难的事情，但是只要你把一件大事分成小事来做，你就不会再拖延，你的愿望就可以实现。

成功者说

所有的目标都要具体化为一个问题：现在应该去干什么。这样，就能使你现在的行动与你未来的愿望联系起来，使目标有了现实的行动基础。否则，你的愿望就不太可能实现，你的所作所为就只能是在浪费时间。

培养每天自省的习惯

孔子的学生曾参，非常注重道德修养。他每天总是对自己一天的所作所为进行反思："吾日三省吾身：为人谋，而不忠乎？与朋友交，而不信乎？传，不习乎？"意思是说，我这一天到底做了什么有意义的事情，做了什么没有意义的事情，做错事情了吗？给人做事是不是尽心尽力了？与朋友交往是不是诚信？要学习的东西是不是都掌握了？

能够经常审视自己的人，就很少犯错，因为他们会考虑：我到底有多少力量？我能干多少事？我该干什么？我的缺点在哪里？为什么失败了或成功了？这样做就能找出自己的优点和缺点，为以后的行动打下基础。

那么，一个人应该怎样培养自省习惯呢？培养自省习惯，首先得抛弃那种"只责人，不责己"的劣性习惯。找借口逃避责任的人可能侥幸逃脱，还因逃避了应该承担的责任而自鸣得意，却从来不反省自己在错误的形成中起到了什么作用。为了免受谴责，有些人甚至会选择欺骗手段，尤其是当他们是明知故犯的时候。

培养自省习惯，还要有自知之明。但是，正确地认识自己，实在是一件不容易的事情。自知之明不仅是高尚的品德，而且是一种智慧。因此，你即便能做到严于责己，养成自省的习惯，也不等于能把自己看得清楚。很多人经常是处于一种既自大又自卑的矛盾状态中。一方面自我感觉良好，看不到自己的缺点；另一方面却又在应该展现自己的时候畏缩不前。对自己的评价都如此之难，如果要反省自己的某一个观念、某一种理论，那就更难了。

反省自我，还应该加强自我修养，特别是培养深刻的自省能力，这是提升个人境界、赢得成功的关键。自我修养就是自我投资，就是敢于同自我作斗争。提升自我，加强自我修养的最好的方法就是研习成功者的案例，提供有利的参照。当代许多成功者往往对某种思想或某个历史人物有精深的研究和独到的心得，这成了他们制胜的指导思想。

至于反省的方法则因人而异。有人写日记，有人则静坐冥想，只在脑海里把过去的事放映出来检视一遍。其中，自言自语式的反省不失为一个好方法，不仅可以检点得失，还有助于缓解压力。

生活中的烦恼和压力、忧愁和委屈多得不胜防备，有时找一个合适的倾听者很难，那我们不妨就把心事说给自己听。这时，“魔鬼”就是能够带来心理压力的所有不良认知，而“天使”就是内心深处的平和与安定。

自我对话是一种很好的自我释放的方式。同自己谈话，就是发现自己，发现更加真实的自己。你不妨让自己说出两种声音来。一个是那个处于苦恼、忧愁中而不得解脱的你，在不停地倾诉；而另一个则是那个通情达理又永不厌烦的你，在不断地劝说。

自言自语 *soliloquize*

瑞士弗里堡大学的安德里·豪恩博士对 80 多对夫妇进行了跟踪研究，记录了他们每天与伴侣倾诉自己的心理感受和近期的健康状况，如失眠、焦虑、头痛、食欲不振等。结果发现，和伴侣说说自己一天的生活，有益身心健康，并提升对夫妻生活和家庭状况的满足感。接下来研究人员让这些倾诉者尝试将烦恼自言自语，发现同样能减轻压力，有利健康。而且，这能减少伴侣对倾诉者“唠叨”的指责。

对此，研究人员表示，如果你的唠叨让朋友觉得不耐烦，或者找不到合适的倾听者，不如自言自语。与自己说说你的烦恼与不满，可以调节自身情绪，能够理清头绪，帮助自己更理智地看待事情。而且不会耽误别人的时间，更不会泄露自己的隐私。

面对不同的挫折，我们会感受到不同的不良情绪，所以我们需要不同的自我对话来帮助自己度过难关。

需要强调的是，自我对话一定要说出声音来，你才会觉得“对方”真的存在。尽管自言自语使你看起来有些奇怪，但是不要在意，就让自己保持这种和自己说话的习惯，你会清楚这种习惯会给你带来多少好处。

当然，养成“自我对话”的习惯，并不意味着我们不再去向其他人倾吐心声。因为，我们在向别人倾吐的过程中得到的不仅仅是“释放”，同时还有我们特别需要的亲情、友情和爱情。

成功者说

自省无论成功或失败，都需要明白成败的原因。找出问题的根源，加以改进，就可以提升成功的概率。坚持自省，在失败中吸取教训，从成功中总结经验，就会使我们走向成熟、获得成功。

养成敬业务实的精神

希尔顿饭店餐饮部有名不起眼的冷盘厨师。他似乎没有什么特别的长处,谁都可以支使他干活,谁都可以批评他。但是他会做一道非常特别的甜点:把两只苹果的果肉都放进一只苹果里,因此,那只苹果就显得特别丰满,果核也被他去掉了,吃起来特别香甜。可是从外表一点也看不出是两只苹果拼起来的。

有位贵妇人品尝了这道甜点后十分欣赏,并特意约见了做这道甜点的厨师。从此以后,她在希尔顿饭店长期包租了一套最昂贵的客房,虽然每年大约只有一个月的时间在这里度过,但她每次来都会点苹果甜点。饭店年年裁员,但是这个职位低微的厨师却一直能够保住工作,因为对于饭店和它重要的客人来说,这个厨师是不可缺少的人。

很多人从离开校门工作的第一天开始,就计划着有一天做个手握大权的高层管理者。不过,他们中绝大多数人都只是想着如何让上司注意到自己,而忘记了首先应该把自己的工作做好。

事实就是这样,没有在自己的位置上做出业绩的人,在职场上就是可有可无的人。如果去做一份任何人都可以做的工作,那么,你的工作随时都有可能被别人顶替。要成为在职场上不可缺少的人,就要在某个方面比别人有优势。

要知道,不管你在学校的成绩多么辉煌,也只能证明你在认识能力方面是佼佼者,而是否有创造能力的佼佼者,则需要在实践中验证。这种验证是通过由简单到复杂,由平凡到特殊,由小事到大事,在能力的提高中,在思想的成熟中,在业绩和积累中完成的。天才也在于勤奋,想成就一番事业,就要甘于从平凡小事做起,踏踏实实地攀登成功的顶峰。

迅速进入工作状态是做好工作的前提。当你成为某个工作团队的一员时,就应当立即融入其中,尽快使自己的行为与规范要求吻合,就能够加快同事们对你的认可心理过程。

责任感是敬业务实的基础，没有责任感的人是不会对工作忘我投入、甘于奉献、任劳任怨的。责任感是个有双重内涵的概念。一是指对自己负责，对自己应尽的职能、义务，对自己的成长、进步以及人际关系等负责，即对构成自我形象的综合要素负责。否则就得不到同事的承认，难以营造有利于自身发展的良好环境氛围。二是指对工作、对他人、对社会负责，为人类的进步作出自己应有的贡献，成为团队中不可或缺的一员。这两层含义各有侧重，相辅相成。对自己负责，才能规范自己的行为，包括对工作、对他人、对社会的行为；对工作、对他人、对社会负责，才能为社会所容纳，从而赢得自己稳定的生存位置。

任何一项工作都不会完全按部就班进行。比如，当社会需求发生变化时，有些公司就要加班加点工作，增加这方面的供给。此外，很多工作都是有起伏的，忙时团团转，闲时无事干。如果面临的是前者，就应当积极加班加点，不能因自己的正常生活规律被打乱了怨声载道。如果面临的是后者时，就主动帮助工作较忙的同事做一些力所能及的工作，让人乐意接受你，则不失为明智之举。你多做一些奉献时，受益者会因此满怀感激之情，他们会以加倍的付出对你回报，并会在适宜的时候给你必要的协助。优秀的领导更不会埋没你的功绩，时机一到，他会让你在更重要的岗位上发出更多的光和热。

在一个企业里，每个人都有自己的位置，起各自的作用。摆正自己的位置，做好分内的工作，工作主动但不越权、越位，就能体现自己的价值。

有良好工作习惯的员工，熟悉自己的职责，就像熟悉自己的相貌一样。但是有些人总是不知道自己的位置，只看到别人的位置，感叹自己没有用武之地，没有人发现自己的才华。但是，如果真的将他所期待的位置给他，他又往往做不出成绩来。其实，做能够做的事才是工作的重要原则。员工在进入一家公司工作之后，最重要的不是向上司献殷勤，不是越过自己的位置去干不属于自己的事情，而是要干好自己的本职工作，成为不可缺少的员工。

成功者说

当敬业已成为习惯的时候，就能够从其中领悟到更多的东西，积累更多的经验，能从全身心投入工作中感到快乐。无论你处在什么位置，做什么工作，敬业精神都是走向成功的宝贵财富。

把握精力充沛的时间段

很多人都有这样的体会：完成一项任务时，往往开始时和即将完成时速度比较快，而且不感到疲劳，但是中间一段时间速度较慢，还容易感到疲劳。心理学家发现了这个现象，经过深入研究，把工作进程划分为以下三个阶段：达到最高产量前的产量递增阶段、产生疲劳时出现的工作减量阶段和预知工作行将结束时的完工突击阶段。

比如每天早上9点上班的时候，人经过长时间的休息，精力充沛，感知、思维和操作能力都处于较高的水平。经过短时间的工作环境适应之后，人的操作速度和效率能够稳步上升，达到全天的最高水平，并持续到中午12点左右。除了生理的原因，人们主观上认为：与其到下班时赶着完成，不如趁现在精力充沛时多干些。所以这个阶段的工作效率较高。

随着时间的推移和工作量的递增，人体逐渐感到疲劳，工作能力在到达最高点之后开始逐渐下降，速度变慢。由于注意力涣散的次数增多，也容易出现差错，操作不得不时常中途停止，导致工作效率的下降。

虽然大部分工作者在中午可以得到短时间的休息，可以减轻疲劳，但效果并不明显。因为午餐时间太短，大量的血液需要参与消化，使肌肉和大脑的供血相应减少，使体力和脑力活动水平下降。这个工作量减少的阶段从中午12点一直持续到下午3点。

下午3点以后，工作效率又开始回升，并持续至工作结束。这是因为人们意识到任务即将完成，自己将很快从疲劳和束缚中得到解脱，心理受到鼓舞，情绪逐渐兴奋起来，掩盖和抑制了身体的疲劳。同时，人们一般不希望或不能够将今天的工作推到明天，因此有意识地加快了速度。

工作效率的变化提醒我们，你的大部分工作都是在某一段时间做好。很多人不了解这种情况，他们习惯把每天工作开始的两个小时花在常规的例行事务上：阅读早晨来的信件（绝大部分都是不重要的），看报纸，打几个例行的电话，等等。这实际上是在浪费时间。我们应当把一天最好的时间用在最重要事情上去，因为这些事情需要以充沛的精力、敏锐的思维以及最大的创造精神去做。

同时，由于工作效率的起伏受生理、心理规律控制，因此当精力充沛、头脑活跃的时候，就要抓紧时机赶紧工作，感到疲劳、思维迟缓时就应该顺势休息。休息要尽量充分，才有利于体力和脑力的恢复，才能以最高的效率投入下个阶段的工作。外科医生一般都有午睡的习惯，这是因为他们的工作性质不允许有效率低下的阶段。90分钟的午睡不是浪费时间，反而可以提高全天的工作量。

此外，心理学研究证实，除了适当的休息之外，最好不要打断某种工作，而要专注地坚持下去，直到任务完成。

主管思维的脑细胞有两种基本状态：兴奋和抑制。脑细胞的兴奋与抑制是相互影响的，没有完成的任务会在你的大脑内占据一些"兴奋点"，这些兴奋的脑细胞会抑制其他脑细胞的活跃程度。如果你需要进行其他工作，就会受到类似于学习中的"迁移效应"的影响，而使效率降低。当你回过头来继续进行前一项工作的时候，原来的兴奋点已经转为"抑制"的状态，要让它们重新兴奋起来，无疑需要一些时间。

所以，心智的持续专注是提升效率的关键。在自我感觉处于最佳状态时，应该把精力用在主要的工作上。如果你无法一次完成一件工作，那么你最好毫不间断地把大部分的工作做好，并把剩下的事情集中在一起，直到做完为止。然后再去做另一项工作。

比如说，你的主要工作是三个有关顾客的重要计划，以及每个星期最少花两个小时读书和思考。你可以安排一周的工作，毫不间断地完成一项计划，再做其他的。那么你便可以在时间表里加上一些不甚要紧的事。

在下班离开办公室前做好明天的时间表。如果没有完成明天的计划表，那么今天的工作就不算全部做完。除非是计划表中的事，否则不做。你将会在计划表中记载的事和实际做的工作之间建立起相关的关系。这是你培养计划习惯最简短而不可避免的步骤。

在你专心于某项工作时，试着不要为别的事分心，禁止他人打扰，并严格限制电话和朋友来访。如果你真正专心做事情的话，别人是会谅解的。可是，如果你常常破例的话，他们也会跟着做。要是你能在开始几天拒绝别人干扰，就可以享受你盼望的自在和有效率。这将提高你的兴趣。

必要时你甚至可以用其他人为你排除干扰。给助理三张有可能打扰你的名单：一种是你不会见的人；一种是在你忙时，不想见的人；另外一种是你随时都欢迎的人。如果你没有助理，不妨买部电话答录机，这机器可以传达两种或更多的信息。设计一个事后回答的标准内容，比如说你“在开会”或“有客人”。你将免去在忙碌时还得回话的麻烦，并且也不会得罪人。让这些工作方式成为习惯，你的工作会更有效率，也更加节约时间。

成功者说

短时间的工作、琐事基本有以下的特征时，可以把它们放在一起做，它们需要有相同的心理过程、判断和能力，相同的仪器、场所和设备，相同的动作、程序和参考资料、方式、信息或接触。把有些公事交给助理去打理，你就可以自由地做创造性的工作，可以完成比你预想更多的事。

加班不是好习惯

2000年,日本首相小渊惠三突然昏迷不醒,继而不治身亡。人们随后发现,小渊首相生前每天工作长达15个小时,而且几个月来没有休息一天。政府首脑"过劳死",在现代国际政治史上恐怕还是第一次。

为了预防更多的日本人"过劳死",许多日本企业都想出了不少点子。有些公司还将降低员工加班时间写进对经理的要求中,如果所在科室员工每月平均加班时间超过限度,科长就必须想出办法,否则将被扣发奖金。然而,这些措施似乎无法遏止加班加点导致"过劳死"上升的趋势,以至于日本政府准备通过修改《劳工安全法》,用法律形式强迫企业将每月加班时间超过100小时的员工送往医院,接受全面的心理和生理诊断治疗。

研究人员发现,日本人加班并不仅仅是工作没干完或者为了加班费,有的人加班是因为领导或同事还没干完活,不好意思提前下班。甚至有的日本人"故意"少报加班的时间,以便给领导留面子。比如,明明加班10小时,却上报5小时。

现代社会竞争激烈,每个人都会感到社会的挤压力,并且将企业、团体所受到的压力转化到了自己的头上。于是我们不得不经常牺牲正常的休息时间来加班。在有些行业、有些企业,超时工作甚至成为一种"文化"。这样短期内会给企业和个人带来经济上的收益,但是长期的危害却是巨大的。

长时间加班或超负荷工作会使人的精力和体力下降,易疲劳,容易引发心脏病、高血压、植物神经紊乱和内分泌失调等病症,人的生物钟规律被打乱后,抵抗力会降低,脑力劳动者的记忆力减退,脑筋运转不灵活,注意力不集中。加班不仅对个人具有危害性,对企业也存在着安全隐患。长时间加班会使员工对工作产生厌烦情绪,会影响工作效率甚至出现事故。

加班对女性的危害比男性更大。英国心理学家对193名男性和229名女性的日常工作、生活以及饮食习惯做了跟踪研究。研究发现，长时间的工作压力让女性更容易养成不健康的生活习惯。课题组成员达里尔·科诺表示："比起男同事，长时间工作的女性会吃更多高脂肪、高糖分的食物，做更少的运动，喝更多的咖啡。如果她们抽烟的话，会抽得更凶。"而对于男性员工来说，加班对他们在运动、饮食和抽烟等方面造成的负面影响并不明显。专家指出，造成男女在压力面前表现差异的一个主要原因，是男性不需要像女性那样承担多种工作，比如他们下班后不像女性那样操持家务。

对于管理者来说，加班就更不是良好的工作习惯。如果管理者总超时工作，甚至要求员工跟着加班，从绩效方面来讲，会在整个公司形成人浮于事、办事拖拉的习惯，使公司的经营效率降低。长期超时超负荷工作，至少可以说明管理者的时间管理做得不够好，他不懂得区分工作的轻重缓急。

很多管理者每天把大量时间放在处理不重要但比较急的突发事件上，忙碌一整天，都在处理突发事件，结果使自己原来计划的重要事没有时间做，只好放在8小时之外完成。体现在管理上，则是领导事事亲为，没有对下属充分的信任和授权。事必躬亲的结果是自己累得半死，下属则无所事事。这就是管理者承担了原本由员工承担的责任。

过劳死 *Karoshi*

"过劳死"最简单的解释就是劳动超过强度而致死，是指"劳动者的正常工作规律和生活规律遭到破坏，体内疲劳蓄积并向过劳状态转移，使血压升高、动脉硬化加剧，进而致命"。

过劳死并不是临床医学病名，而是属于社会医学范畴。人体就像一个弹簧，劳累就是外力。当劳累超过极限或持续时间过长时，身体这个弹簧就会发生永久变形，免疫力下降，导致老化、衰竭甚至死亡。有关资料表明，直接促成过劳死的5种疾病依次为：冠状动脉疾病、主动脉瘤、心瓣膜病、心肌病和脑出血。除此以外，消化系统疾病、肾衰竭、感染性疾病也会导致过劳死。

如果你在公司有忙不完的工作，还得把它带回家做的话，就需要好好考虑一下，让工作占据个人生活时间是否值得。同时你也应该弄清楚，这样做对你的生活有何影响。

如果你无法在正常的上班时间内完成任务，那么肯定是某一环节出了问题。也许是因为铺天盖地的信件，接连不断的电话，以及其他相对次要的事务影响了真正需要做的工作。如果事情真是这样的话，应该立刻采取措施，重新分配工作量，减去长达两个小时的工作午餐，或者聘用一位助理，这样你就可以做真正需要自己动手的事情了。

如果你认识到工作并不是你的生活的全部，愿改变这个习惯但又不可能完全放弃它，可以在开始改变的一周中尝试一两个晚上不把公务带回家。你也可以安排一些晚间活动，这样时间就不会被工作挤占了。

成功者说

如果你总是在加班，就要找出原因，寻找到更好的解决问题的方法，积极改变。依靠身体长期超负荷运行显然不是解决问题的办法。

养成与老板沟通的习惯

阿尔伯特是美国金融界的知名人士。初入金融界时，他的一些同学已在金融界内担任高职，已经成为老板的心腹。他们教给阿尔伯特的一个最重要的秘诀，就是“要敢于跟老板讲话”。之所以如此说，就在于许多员工对老板有生疏及恐惧感。他们见了老板就噤若寒蝉，一举一动都会不自然起来。就是职责上的述职，也可免则免，或拜托同事代为转述，或用书写形式报告，以免受老板当面责难的难堪。长此以往，员工与老板间隔膜肯定会愈来愈深。

在人才辈出的现代社会，信守“沉默是金”，就只能做无名小辈，虽有好的工作态度和工作效果，充其量也只能让你维持现状，如果想有所提高，必须要养成主动与老板沟通的好习惯。

老板是企业的所有者，必然是企业的领导。如果能够与老板有效地沟通，就会让个人的努力与企业的发展方向保持一致。

你也可能听到一些同事埋怨机会不等，命运不公，总是觉得自己碰不到表现自己的机会。每每看到别人的成功，总归结为运气好。实际上，从整体上说，机会对每个人都是公平的，关键看你是不是善于创造和抓住机会。

人与人之间的好感是通过接触和沟通才能建立起来的。要想在职场上取得成功，就不能把自己放在为薪水而工作的位置上，而应该主动与老板沟通，不要放弃任何与老板沟通和可以在老板面前表现自己的机会，比如会餐、出差等。只有主动跟老板面对面地接触，让自己真实地展现在老板面前，才能让老板充分认识你的才能，你才会有被赏识的机会。如此，一方面会促进老板对你的了解，另一方面会让老板感受到你对他的尊重。当机会来临时，老板首先想到的自然便是你了。

与老板缺少沟通的大致有以下几种人：一种是恃才自傲，孤芳自赏，不愿甚至不屑与上司接触及沟通的人；一种是只知道埋头苦干、老实正直，害怕与上司接触会引来闲话的“老牛”；一种是沉迷于具体的事务，缺乏与上司接触机会的人；一种是专业水平比较低，没什么机会担当重任的人。缺乏与上司沟通，不在上司的视线范围内，就有可能丧失担当重任的机会。

但是，主动与上司沟通绝不是要你去打探老板的私人生活。有人以为，分享上司的隐私和秘密可以加深彼此间的友谊，事实上这种想法大错特错。既然是隐私和秘密，就不希望被别人知道。所以你应该与老板保持亲密的工作关系。

主动与老板沟通，不能忽视处理好同老板身边的人的关系，比如老板的秘书、助理和夫人。否则有可能严重影响你的工作，给你造成意想不到的损失。

员工与领导的关系从根本上说是管理与被管理的关系，是决策与执行的关系。不管你的领导个人能力你是否认可，都要坚持主动服从他的领导。

服从领导也是一门艺术，有很多技巧。有的人不仅能够让上司满意他的命令已被圆满地执行，而且还能够让上司认识他决策的错误，并且主动改正。相反，有的人却仅仅把上司的安排当成公事，被动应付，或我只要认真完成任务就可以了，不重视信息的反馈，甚至“先斩后奏”或“斩而不奏”，结果往往是事倍功半。

很多决策者并不希望通过单纯的发号施令来推动下属工作。请求上司的下属比顺从上司的下属更高一个层次，是一种变被动为主动的技巧，它不仅体现了工作的积极性、主动性，还增加了让上司认识自己的机会。

聪明的下属善于在处理关键问题时向上司多请示，勤汇报，征求他的意见，把上司的想法融入到自己的工作中。关键处多请示是执行者工作的好习惯，也是做好工作的前提。决策者的职权主要是把握工作大局，掌握关键环节。许多企业领导层中不乏能力和精力超群的人，但即使这样，他们也不可能对管辖范围中的所有事情、所有地方都关注到。一些很有办法的领导总是把自己从众多纷繁复杂的具体事务中解脱出来，专事宏观管理和控制关键环节。因而，这些地方成为领导者关注和敏感的区域。

有些人不了解领导的这种心理，使自己的请示无的放矢，把握不住关键，凡事不论大小，从不自己决定，统统推给领导，给领导增加了负担，而且无关紧要的事会让他产生权威被降低的感觉。因而，凡事都向领导请示不是明智之举，请示的问题必须是关键的、有价值的，才能更好地使领导者感受到自己权力的有效性和价值。

还有一些人喜欢自作主张，事无大小，只要领导交给他办，就不用领导再过问了，一切由他包揽。也有人害怕请示，总是想："我向上司请示，他会不会觉得我水平低、独立性差？"不请示害处更大，如果由于沟通不畅，在关键的环节出了问题，对团队中的所有人都不利。

成功者说

有的领导只是管理经验丰富，而技术经验欠缺。这样的上司往往在下属心目中的地位不高。但是如果可以在服从其决定的同时，主动献计献策，以你的智慧和才干弥补其专业知识的不足，就能表现出对上司的尊重与支持，又能施展自己的才华，形成良好的工作关系。

养成精打细算的习惯

石油大王洛克菲勒特别注重成本的节约，他每天早上就要求公司各部门将财务报表送上来。他能够准确地查阅报上来的成本开支、销售及损益等各项数字，并能从中发现问题，以此来考核每个部门的工作。1879年，他写信给一个炼油厂的经理质问："为什么你们提炼1加仑原油要花0.0182元，而东部的一个炼油厂干同样的工作只要0.0091元？"

就连微小的油桶塞子他也不放过，他写过这样的信给某个工厂经理："上个月你汇报手头有1119个塞子，本月初送去你厂1万个，本月你厂使用9527个，而现在报告剩余912个，那么其余680个塞子哪里去了？"正如后人对他的评价，洛克菲勒是统计分析、成本会计和计价的一名先驱。

精打细算不仅是积累财富的基石，也是许多优秀品质的根本。节俭可以提升人的品性，厉行节俭对其他能力也有很好的助益。节俭在许多方面都是卓越不凡的标志。节俭的习惯表明人的自我控制能力，能够支配自己的金钱，主宰自己的命运。节俭不仅适用于金钱，而且也适用于生活中的每件事，从合理地使用自己的时间、精力，到养成勤俭的生活习惯。节俭意味着科学地管理自己和自己的时间与金钱，意味着最明智地利用我们一生所拥有的资源。

节俭的人是不会懒散的，他有自己的一定之规。他精力充沛，勤奋刻苦，而且比那些奢侈浪费的人更加诚实。节俭的人勤于思考，也善于制订计划。他有自己的人生规划，也具有相当强的独立性。

有专家以"你知道你家每年的花费是多少吗？"为题进行调查，结果是接近63%的百万富翁回答知道，而非百万富翁则只有35%知道。而对于"你每年的衣食住行支出是否都根据预算？"为题进行调查，结果竟是惊人的相似：百万富翁中编制预算的占66%，而非百万富翁只有33%。不做预算的百万富翁大都用一种特殊的方式控制支出，就是人为地造成相对经济窘境。他们将一半以上的收入投资，剩余的收入才用于消费。

节俭是大多数富人共有的特点，也是他们所以成为富人的重要原因。他们养成了精打细算的习惯，有钱就拿去投资，而不是乱花。

不少青年刚刚踏入社会就胡乱挥霍，他们花钱的目的好像仅仅是想让别人感到他们很有钱，往往把本来应该用于发展事业的资本用到购买时尚奢侈品上。如果他们能把这些花费节省下来，一定可以为将来发展事业奠定经济基础。存下每个月赚来的辛苦钱，撇开物质诱惑，为你的长远目标努力。开始时你可能毫无收获，将来必有效果。

养成了节俭的习惯，就意味着你具有控制自己欲望的能力，你已开始主宰自己，你正在培养一些最重要的个人品质，即自力更生，独立自主，以及聪明机智和独创能力。但是少花钱不等于就是节俭，这其实是一种片面的观点。

过于谨慎的人往往缺乏大智慧，他们中的许多人因为在小处节省而误了大事。他们为了蝇头小利疯狂地节省，没有意识到他们这样做使自己越来越呆板，失去了许多干大事的机会。

还有些人浪费了大量的时间，用错误的方法来节省不该节省的东西。曾经有个老板定了这样一条规矩，要他的员工不顾一切地节省包装绳，即使要耗费大量的时间也在所不惜。他还要求尽量省电，而昏暗的店面让许多顾客望而止步。他不知道明亮的灯光也是广告。

你不能以心智的发展和能力的提高为代价来拼命节约，因为这些都是你事业成功的资本和达到目标的动力，所以不要因此扼杀了你的创造力和生产力。要想方设法提高你的能力和水平，这将帮助你最大限度地挖掘你的潜力，使你身体健康，感受无比的快乐。

“舍不得播种的人只能收获微薄的果实”，明智地节约有时意味着慷慨地消费。慷慨大方对年龄不大的人来说可能是奢侈，但它有时却是最佳的节约。友好的帮助和激励，以及与有教养的人交际都是用钱买不来的。

一个人能否拿得出 10 到 15 块钱参加一次宴会，这本身并不是什么问题。他可能为此花掉了 15 块钱，但他也许通过与成就卓著的客人结交，获得了相当于 100 块钱的鼓舞和灵感。那样的场合常常对一个追求财富的人有巨大的作用，因为他可以结交到各种博学多闻、经验丰富的人。在自己力所能及的情况下，对任何有助于增进知识、开阔视野的事情进行投资都是明智的消费。

英国著名文学家罗斯金说："通常人们认为，节俭这两个字的含义就是'省钱'。其实不对，节俭应该解释为'用钱的方法'。也就是说，我们应该怎样去购置必要的家具，怎样把钱花在最恰当的用途上，怎样安排在衣、食、住、行，以及教育和娱乐等方面的花费。总而言之，我们应该把钱用得最恰当、最有效，这才是真正的节俭。"

如果一个人要追求成功、完美的气质和圆满的人生，那么他就会把这种消费当做最恰当的投资，就不会为错误的节约观所困惑，也不会为错误的"奢侈观念"所束缚。

成功者说

要培养精打细算的习惯，但也要注意绕开节俭的误区，不能小处节省，大处浪费。良好的节俭习惯是建立在正确节约观的基础上的，进行明智的投资，用正确、丰富的思想来充实头脑，纠正狭隘的错误节约观。

习惯养成要经过反复训练

王献之是王羲之的第七子，自幼聪明好学。七八岁始学书法，练了五年，磨墨用掉了三缸水。他自认为已经写得很好了，就把一大堆写好的字给父亲看。王羲之一张张掀过，一个劲地摇头，直到掀到一个“大”字，才现出了满意的表情，随手在“大”字下面填了一个点，便成“太”字。

王献之又把字稿给母亲郗氏看。郗氏认真地看了三天，最后指着王羲之在“大”字下加的那个点儿，叹了口气说：“吾儿磨尽三缸水，唯有一点似羲之。”

王献之深感震撼，又锲而不舍地练习下去，最后用尽了十八缸水，终于能够与父亲并列，被人们称为书法“二王”。

习惯是定型的行为，是长期积累和强化的结果，良好习惯必须经过长期、反复的训练才能形成。

我国古代的学者就非常重视良好习惯的训练，重视言行一致。儒家学派重要代表人物荀况说：“不闻不若闻之，闻之不若见之，见之不若知之，知之不若行之，学智育行之而已。”

国外的教育家也很重视良好习惯的训练。英国哲学家洛克曾说：“儿童不是用规则教育可教育好的，规则总是被他们忘掉。你觉得他们有什么必须做的事，你便应该利用一切时机，甚至在可能的时候创造时机，给他们一种不可缺少的联系，使它在他们身上固定起来。”

养成良好习惯会使人愉快，但是要养成好习惯，把不常有的行为训练成经常的行为，则是艰苦甚至是“痛苦”的过程，需要战胜许多困难，要经过许多枯燥单调的练习。特别改掉已经形成的不良习惯，要克服更多困难。

自我训练需要一个过程，因为好的习惯往往需要较长的时间来巩固，不可能一蹴而就。严格的训练要避免情绪化。千万不要一高兴就放松了对自己的要求，或者是因为心情不好而对一个细节斤斤计较。

不过心理学家也不提倡“苦行僧”式的训练。仅仅是苦练，过不了多久就会感到厌烦，而影响训练效果。所以，要采取一些有趣的形式，如游戏、活动、竞赛、绘画等，不断变换形式进行训练。重要的是，训练应该有阶段性的成果。如果在某种情境下做了某件事情，并且获得满意的结果，下次遇到相同情境时做这件事的可能性就会提高，就养成了一种习惯。这就是心理学所说的“正强化”。

强化理论 *reinforcement teory*

强化理论是美国心理学家和行为科学家斯金纳、赫西、布兰查德等人提出的，也称为行为修正理论和行为矫正理论。斯金纳认为人是没有尊严和自由的，人们做出或不做出某种行为，只取决于行为的后果。他提出了一种“操作条件反射”理论，认为人或动物为了达到某种目的，会采取一定的行为作用于环境。当这种行为的后果对他有利时，就会在以后重复出现；不利时，这种行为就减弱或消失。人们可以用这种正强化或负强化的办法来影响行为的后果，从而修正其行为。

虽然不能说一次表扬和鼓励就能塑造一个崭新的行为，但我们应该看到，正面的、积极的外界反应和自我评价，对良好行为习惯的养成有明显的促进作用，而且这种促进作用比惩罚的效果好。因为任何惩罚，都会给人带来不愉快的感觉，助长逆反情绪的滋生，对习惯的养成甚至有“促退”的作用。要求一个人经常惩罚自己又未免不太现实，而且容易打击自信心。

运用正强化的方法，就是要在习惯的自我培养中，学会肯定自己。从某种意义上说，就是要学会自我表扬、自我鼓励。

有效的正强化来源于正确的自我肯定，正确的自我肯定又来源于正确的自我认识，即较为客观、清楚地认识自己的基本情况，既要看到自己的优点，也要看到自己的缺点。人无完人，任何人都不可能是完美无缺的。在理想的实现过程中，自我肯定和自我激励能成为人前进的动力。如果对自己实现理想没有信心，或者是漫不经心地对待，就很难成功。

要真正地掌握这个方法并运用得得心应手也不是一件容易的事。把握好"度"是运用好正强化法的一大原则。如果放大自己的缺点,就容易对自己的进步认识不足,产生自卑心理,从而停滞不前;放大自己的优点,则容易对自身的情况缺乏清醒的认识,滋长骄傲自满的心理,也会阻碍自己的进步。用正强化法培养行为习惯,要注意几个要点。

首先要选择适宜的正强化物。当你表现出良好的行为时,要不失时机地给自己以奖励,这些奖励就是刺激你再次表现好行为的正强化物。当然,每个人的喜好不同,因此要先了解什么样的正强化物会对你有激励作用,以便选择合适的正强化物。随着年龄的增长,行为养成后,有形强化物的作用会逐渐减少,而社会、精神强化物的作用逐渐增加。

正强化物必须紧随良好行为出现之后,间隔越长效果越差。但是也不要急于给自己奖励,要想清楚是什么样的好行为能让自己得到这一奖励。如果随意给自己奖励,那么强化物就会失去意义。奖励也要适可而止,以免产生心理饱和或者损害身心健康。最好多种奖励配合使用,灵活变换花样。

正强化法对简单行为的形成初期比较见效,对于复杂行为或者行为相对稳固以后,强化物会逐渐丧失强化功能,此时宜选用其他方法。

成功者说

习惯培养是一个持之以恒的过程。如果不坚持,行为就难以变成习惯。一个好习惯的养成,往往需要漫长的时间。由于人的行为具有惯性,在一段时间的训练之后,如果稍加放松,就会反复。

第六章

成功者要有出众的口才

无论是政界领袖还是商界奇才，古今中外99%深具影响力的人士都是善于表达沟通的大师。口才是通向成功的独特资本。成功是金字塔的塔尖，口才则是不可少的基石。成功者应当是一个出色的口才专家，无时无刻不展现着自己口才的魅力。

战国人张仪受业于鬼谷子，后来在楚国相国家做了普通门客。一次楚相身上佩带的璧不见了，大家都怀疑是张仪把璧偷走了。楚相就命令打了张仪几百竹板，逼迫张仪承认。尽管没有审问出结果来，但是这件事之后张仪没有脸面再在楚相那里做门客了。他回到家里，妻子看到他浑身是伤，非常伤心。张仪摇了摇头不以为然，他对妻子说："你看看我的舌头还在吗？"

妻子说："舌头当然还在。"

张仪说："舌头在就足够了。"

后来张仪凭借三寸不烂之舌游说秦王，最终出任秦相，促成秦国连横大业，为秦国一统天下立下汗马功劳。

英国首相丘吉尔说："一个人可以面对多少人，就代表这个人的人生成就有多大。"无论是政界领袖还是商界奇才，古今中外99%深具影响力的人士都是善于表达沟通的大师。口才是通向成功的独特资本。成功是金字塔的塔尖，口才则是不可少的基石。成功者应当是一个出色的口才专家，无时无刻不展现着自己口才的魅力。

说服他人的魅力语言

卡耐基租用某家饭店的大礼堂讲课。有一天,他突然接到通知,租金要增加三倍。

卡耐基去与这位经理交涉。他说:“我接到通知,有点儿震惊,不过这不怪你。如果我是你,我也会那样做。因为你是饭店的经理,你的职责是尽可能使饭店获利。”

紧接着,卡耐基为他算了一笔账:“将礼堂用于办舞会、晚会,当然会获大利。但你撵走了我,也等于撵走了成千上万有文化的中层管理者,而他们光顾贵饭店,是你花五千元也买不到的活广告。那么,哪样更有利呢?”

就这么几句话,就把这位饭店的经理说服了。

我们生活在社会中,每一个人都有自己的人际关系,也几乎每时每刻都得与他人打交道,还经常会遇到需要说服他人的事情,自己有时也会成为被说服者。为协调各种人际关系,将事情办好,我们有必要掌握一定的说服的方法。

有些时候,某些人欲在我们身上实施犯罪或不怀好意时,我们应该临危不惧,巧妙地说服他放下“屠刀”,避免造成严重的恶果。如果不掌握技巧,没有充分的说服力,也就难以达到理想效果。因此,掌握说服他人的魅力语言也十分重要。

美国汽车大王福特说:“假如说服有什么秘诀的话,那就是设身处地替别人着想,了解别人的态度和观点。”因为这样不但能得到我们与对方的沟通和谅解,而且能更清楚地了解对方的思想轨迹及其中的“要害点”,然后瞄准目标,击中“要害”,使我们的说服力大大提高而成功。

如果能站在他人的立场上分析问题,让他人感到在为他着想,就会有极强的说服力。要做到这一点,“知己知彼”十分重要,唯先知彼,而后方能从对方立场考虑问题。

说服他人，要因势利导以理服人。遵循着事物发展的方向，对问题的分析深刻透彻，事物都将合乎逻辑地展现出发展的前景，达到以理服人的最佳效果。

“因势利导”是指在说服中，时刻注意周围群众的情绪，尽量调动起群众的情绪来支持自己的观点，使对手感到压力，使之无回击之力而达到以理服人的效果。在说服时运用因势利导的方法，有时可以使复杂问题简单化，使道理更明确，来达到以理服人的目的。在说服时，对于那些善于操纵说服技巧的人不是与对方不停地周旋，而是抓住关键，一语中的，以理服人。

以理服人就是摆事实、讲道理，让人从我们所讲的道理中领悟到其正确性，从而接受我们的意见。但需要注意的是劝导说服要在理、要对准要害。大凡被劝者往往一开始对某一问题想不开，结上了疙瘩，怀有成见。

要说服，非对准这个要害不可。否则，磨破嘴皮，也是隔靴搔痒，不能解决问题。再就是劝导说理要具体实在，既不能讲空话、套话和大话，也不能像做报告那样，需要的是实在的论证说理。

以理服人最重要的一点是摆事实，出言有据，事实确凿，对方的观点就会不攻自破。以理服人还有许多技巧。

人的思想是复杂难猜的，如对某一事物不理解，想不通，往往疑虑重重，难以释怀。这时，就需要说服者把道理说透，把事情讲清楚，对方的疑虑消除了，也就达到了说服的目的。不过，想让别人彻底消除疑虑，也不是容易的事情。有时候，需要我们一点点地层层递进，穷追不舍，直到把道理讲明白、讲透彻，这就是层层释疑的方法。

我们在说服他人时，要知道一个人最关心的往往是与自己有关的利益，因为人们毕竟生活在一个很现实的社会里。人要生存，就离不开与自己有关的利益。所以，当我们劝说他人时，应当告诉他这样做对他有什么好处，不听劝说则会带来什么不利后果，人都是聪明的，相信他不会不为所动。

当我们遇到不易说服的对象时，如能巧妙地使用语言诱导对方，就能使被说服者信服。在说服他人时，如果我们一味强调自己的优点，企图使自己占上风，就会使对方产生加强防范的心理，说服就会出现困难。所以，在说服时，我们应该故意先点破自己的缺点，暂时把优越感让给对方，而且不要以一本正经的态度表达，就能起到以情感人的攻心作用。

就一般情况而言，在我们和说服的对象较量时，对方会产生防范心理，尤其是在危急关头，这种心理就越强烈。这时候，要想成功说服对方，就要消除对方的防范心理。那么，如何消除对方的心理防范呢？从潜意识来说，防范心理的产生是自卫反应。消除防范心理的最有效方法就是反复给予暗示，表示自己是朋友而不是敌人，这也是以心攻心的方式。

成功者说

诚意是最能打动人心的，只要我们有诚心，即使坚硬如铁石的心肠也会为我们所动。所以，在说服他人时，如果能让对方感受到我们的诚意，哪怕他并不认同我们的观点，也可能迁就于我们而不想辜负我们的心意。

抓住要点说服

萧伯纳的剧本《武器与人》，首次公演获得巨大成功。许多观众在剧终时要求萧伯纳走上舞台，接受观众的祝贺。

于是，萧伯纳就走上了舞台。正当他准备向观众致意时，突然有人对他大声喊叫："萧伯纳，你的剧本糟透了，谁要看？收回去，停演吧！"

观众们大吃一惊，大家以为萧伯纳一定会气得浑身发抖，用高声的抗议来回答这个人的挑衅。谁知道萧伯纳不但没有生气，反而笑容满面地向那个人深深地鞠了一躬，彬彬有礼地说："我的朋友，你说得好，我完全同意你的意见。"说着，他就指着场内的其他观众说："但可惜的是，我们两个人反对这么多观众有什么用呢？我们能禁止这剧本演出吗?"

就这两句话，引起全场一阵响亮的笑声，紧接着响起暴风雨般的掌声。在掌声中，那个故意挑衅的人灰溜溜地逃出了剧场。

在一些特别的场合，当我们受到无理的挑衅与羞辱时，在心理上要承受得起，先稳定自己情绪，以冷静的态度想办法应付。就像蔺相如一样，机智而镇静，不畏强权，恰当地应对，维护了自己的尊严。

我们在处理一些事情的时候，也许会遇到与人针锋相对的场合。这时，如果采取和平的方式得不到解决，也不妨用以威克刚的方法增强说服的效果。所以，当我们遇到无理的挑衅或污辱时，就要机智、镇静，针锋相对，将对方的嚣张的气焰压下去，维护自己的尊严。

很多人都知道用威胁的方法可以增强说服力，而且还不时地加以运用。这是用威胁使对方恐惧，从而达到说服目的。

威胁能够增强说服力，有时候以威克威，以刚对刚，会使事情明显的改善。但是，在具体运用时要注意以下几点：态度要刚强明白，讲清前因后果，说明对方的道理不通。威胁程度要恰到好处，不能过分，否则会弄巧成拙。

说服一个顽固不化的人，则要抓住要点，切中要害。使其蓦然惊觉，打消心中的固执而接受劝告。当我们遇到顽固不化的人时，不要急着一下子去说服他。而是要先摸清他的脾气与他顽固的原因，再顺着他的意思去劝说。在劝说中，我们的言语还要切中要害、道明利弊，让其得知利害得失的荒唐之处，使其蓦然惊觉过来，从而接受我们的劝告，打消顽固的念头。

在劝说抱有成见的人，最好的办法就是退一步。在劝说受阻的情况下，暂时退让一下是很有好处的。退让的态度不但可以显示我们对对方的尊重，赢得对方的好感，使其在心理上得到满足，而且在精神上也会放松，这样再亮出自己观点来说服他就比较容易了。以退为进的说服方法在谈判中运用得较多，谈判中能否灵活、娴熟地运用“以退为进”的战术，关系到谈判的成败。谈判中，如果想使自己的语言充分有力，就需要选择好时机和分寸，只有语言和环境相协调，做到自然而然，才能达到最佳效果。

在说服他人时，如果以“激”来燃起对方强烈的自尊，往往能在短时间内激出巨大的力量，使对方冲动地答应我们的要求。

“水激石则鸣，人激志则宏”。纹丝不动的石头只有奔驰的水流冲过，才能发出铿锵的声音，人心理只有被激发被调动起来，才能产生满怀的信心与豪情。这就是“激将”的威力。在劝说中采用“激将”法，可以达到很好的效果。劝说者要善于抓住对方曾经用过的观点和说过的话，作为“激将”的武器，以激对方就范。

俗话说：心诚则灵。朋友相交贵在真诚，为人处世也同样贵在真诚。即使再难做的事，在诚心面前，也会变得简单许多。再难相处的人，在一颗诚心面前，也会变得温柔许多。可是，我们是否习惯于真心待人、诚意做事？这才是真正的问题。诚意往往表现在要以事实说话。常言道：“事实胜于雄辩。”掌握了事实，接下来要做的是如何让事实准确地呈现出来。

成功者说

在说服别人时往往有说不下去的情况。这时，如果还一味地硬说强劝，会适得其反。这时我们如果能及时地转移一下话题，引发他的兴趣，造成浓烈的沟通气氛，再因势利导，就可能达到说服的目的。

谈判的策略

一次，我国一家经销商就进口某国汽车质量问题与外商谈判。我方代表首先发言，简单介绍了全国各地对该种汽车质量情况的反映。精明的对方深知汽车质量问题是无法回避的，但他们却采取避重就轻的策略，每讲一句话，都言词谨慎，看来是经过反复推敲的。他们在谈到汽车损坏的情况时说："有的车子轮胎炸裂，有的车架偶有裂纹……"

这时，我方代表立即予以纠正："先生，车架出现的不仅是裂纹，而是裂缝、断裂！请看，这是我们现场拍的照片。"说着，随手拿出一摞事先准备好的照片递给对方。

对方一震，料不到对手也如此精明，连忙改口："是的，偶有一些裂缝和断裂。"

此时，我方步步紧逼，毫不让步："请不要用'偶有''一些'那样的模糊概念，最好是用比例数字来表达，这样才更准确、更实际些。"

"请原谅，比例数字未做准确统计。"对方以承认自己的疏忽来搪塞。

"那么，请看我方统计的比例数字，与贵公司进一步核对。"我方出示了准备好的统计数字。

对方不想完全承认，就对此提出异议："不至于损坏到如此程度吧？这是不可理解的。"

但我方紧接着又拿出商检证书："这里有商检公证机关的公证结论，还有商检时拍摄的录像，请过目。"谈判的最后，在大量证据面前，外商不得不承认他们的汽车质量确有严重问题，签署了赔款协议。

"商场如战场"。谈判桌上的策略就是斗智斗勇的实战反映。在原则问题上，绝对不能给对手可乘之机。要想在谈判桌上立于不败之地，不但要具备谈判的口才，而且还要掌握谈判的技巧与智慧，才能取得成功。

在有关商业谈判的论著中，"策略"一词有两个含义：一是指洽谈的原则的、整体的、方针性的方法和措施；二是指针对具体时机、场合和状况所采用的手段和对策。前者可以称为洽谈战略，后者则可称为谈判战术和技巧。

无论任何一件与他人交涉的事情，想要稳操胜券，就必须知己知彼。特别是在商务谈判中，可以说其激烈程度比战场之厮杀有过之而无不及。

在强手如林的"激战"中，掌握与洽谈有关的充足资料，不仅关系到己方的正确决策，也关系到谈判桌前能否说服对方，掌握主动权，取得胜利。所以谈判之前，要充准备，想办法了解对方的情况，摸清对方的底细，预测对方在谈判中可能的立场与观点。

我们要讨论的策略，就是商业谈判战术意义上来讲的。谈判的结果在很大程度上取决于谈判的策略。根据双方所处的地位，概括起来可分为攻势策略和防御策略两大类。

当谈判中的一方处于被动局面时，就采用防御策略。如果对方占据主动，己方不能接受对方的要求导致僵局时，就可采用缓兵策略来为自己解围。例如宣布休会，以便争取更多的时间制定应付的策略。有一种舞蹈动作，看起来在后退，实际上还在原地。在谈判中也可做出这种无损失让步，让对手感到满足。对方处于绝对优势时，往往会提出苛刻的条件。这时自己可先发制人，抢先开出条件，并以此作为谈判的基础。

商业谈判常出现僵局，双方因为某个问题而争论不休。这时，如果没有一方让步谈判是不可能成功的。让步是保证谈判获得成功的策略，在谈判中让步，不是一件容易的事情。每一个让步，均应考虑其对全局的影响。当谈判出现僵局时，在重要问题上仍然要坚持立场，而在次要利益上做出让步，给对方以满足。

当对方实力雄厚，咄咄逼人时可以虚设后台，拒绝对方，把责任推给虚设的后台。如向对方讲"上级有指示"或"合伙人不同意"等，这样，可以转变自己的处境。

如果在谈判中，对方趾高气扬，宣扬自己的优惠条件从而压迫时。我们可以根据自己占有的详细资料，采用抑扬对比策略予以对付。“抑”是贬低对方所说的条件，“扬”是适当夸张突出己方优点。

当己方实力较强，处于主动地位时，可以发起攻势，迫使对方做出更大让步。为了说服对方接受我们的主张，可以提出一项恰恰相反的主张，即逆向谈判法。有的谈判对手总对对方怀疑，犹如正在闹离婚的夫妻一般。这时，就很难说服他相信自己建议的诚意。为此，故意提出一条截然相反的建议，诱导对方接受先前的建议。

同一谈判班子中某人扮演固执己见的顽固角色，而另一个人则扮演通情达理的老好人角色。即我们通常所说的一个唱白脸，一个唱红脸，两人一唱一和，如唱双簧，软硬兼施。也是一种常用且很奏效的策略。对方对为自己说话的“好人”产生好感，从而撤掉心理警戒。

大多数谈判，常常是到了谈判的最后期限或临近这个期限才达成协议。如果在谈判开始时规定最后期限，也是一种谈判策略。心理学家指出：当最后期限到来时，人们迫于期限的压力，会改变自己原先的主张，以求尽快解决问题。

成功者说

洽谈中的策略手段，就是早期的心理准备。如能正确地运用各种策略，就可使洽谈收到事半功倍之效。善于运用的一方就会在心理上占据优势，在洽谈中控制局势。

洽谈陷入僵局怎么办

某玻璃厂与日本玻璃公司谈判引进设备事宜。在全套引进还是部分引进这个议题上僵住了，双方代表各执一词，相持不下。这家玻璃厂的首席代表，为使谈判达成预定的目标，决定打破这个僵局。他稍作思索后，笑了笑，避开争执点，换了轻松的语气说："贵公司的技术、设备和工程师都是世界一流的。你们投进设备，我们双方技术合作，要帮我们把厂子办好，一定要用最好的东西，这不单对我们有利，对你们也有利。"

日本公司的首席代表是位高级工程师，听到这话自然感兴趣。气氛顿时轻松了，僵局得到了缓解，最后双方终于达成协议。

玻璃厂省下了一大笔钱。而那家日本公司也因帮助该厂成了全国同业中产值最高、耗能最低的企业而名声大噪，赢得了很高的声誉。

谈判进入实际磋商阶段，谈判各方相持不下，陷入进退两难的境地，这种谈判搁浅的情况称之为谈判僵局。谈判之所以陷入僵局，一般不是因为谈判各方之间存在不可解决的矛盾，而大多是因为各方基于感情、立场等主观原因所致。

这种情况，心理学认为是双方在谈判不合的情形下导致了或轻或重的心理障碍，也就是情绪心理。这时如不灵活一点，进行及时的调解，谈判就会在僵持不下的状态中流产。

因此，谈判双方在谈判开始后，在维护己方利益的前提下，应尽量避免在非本质问题上坚持强硬的立场，避免僵局。一旦谈判陷入了僵局，谈判各方应立即探究原因，积极找解决的方法，巧妙调和化解，切勿因一时陷于僵局而放弃或终止谈判。

其实，在谈判中要将尖锐的话题转移，确实有相当的难度，须有语言驾轻就熟的技巧才能做到。话题转移得不好，有时，虽然能暂时缓和一下紧张的气氛,但对于大局并没有益处。话题转移得巧妙,不仅能调节气氛,还能为谈判去除障碍,铺平道路。但转移的话题必须视具体情况和对象因地制宜,就近转移,不能不着边际,随心所欲。话题虽然转移,但主旨不能变,虽然不涉及正题,但必须与正题有关,不管多少圈子,牛鼻子始终不能放,要做到“形散神不散”。

转移后的话题展开要循序渐进、环环相扣、符合逻辑、自然而然地向正题靠拢,使彼此相左的意见逐渐达成一致。话题转移要获得理想的效果,语言的表达必须做到情理交融、刚柔并济。

打破僵局的方式有许多种,谈判者必须灵活以对,找出突破点。从语言角度来说,转换话题,调节紧张的气氛是有效的手段。这种转移话题打破僵局的方法若运用得当,常常使谈判绕了一个圈子之后又成功地到达了终点,达成双方都能接受的协议。这里,提供一些化解谈判僵局的一般方法。

暂时休会化解法 谈判各方由于一时冲动,在感情上相抵触而陷入僵局。这时可考虑暂时休会,等气氛缓和下来再谈。在冷静、平和的气氛中,谈判各方才会为寻求各自的利益求同存异。

借助调解法 有些谈判僵局的产生,谈判双方依靠自身无法化解时,就要借助中间人从中调解,促成双方和解。这是化解僵局极有效的常见方法。

变换议题化解法 在谈判中,由于某个议题引起争执,一时无法解决。这时,不妨变换一下议题,把僵持不下的议题暂且搁置一旁,等其他议题解决之后,再在友好的气氛中重新讨论僵持的议题。

寻求第三方案法 当谈判双方坚持自己的意见互不相让时,谈判就会陷入僵局。这时化解僵局的最好办法是,各自都放弃自己的方案,共同来寻求可以兼顾双方利益的第三方案来谈判。

问题上交化解法 当谈判陷于僵局后,采用上述方法又不能奏效时,谈判双方可将问题提交各自的委派者或上级主管部门,由其提供解决的方案,或亲自出面扭转僵局。

由双方专家单独会谈 谈判者可依据谈判僵局涉及的专门问题,提请有关专家单独会谈。假如,涉及法律问题,可由双方律师单独会谈;如涉及技术问题，就可由双方工程师、技师等单独会谈。这种方法是因为同行交谈，容易找到共同点，有助于产生解决问题的新方案。

更换主谈者的化解法 有时谈判的僵局是由主谈人的感情色彩导致的，僵局一旦形成，主谈人的态度便不易改变。这时最好是更换主谈人。因为新的主谈人不受前主谈人的感情左右，会以新的姿态来到谈判桌上，使僵局得到缓解，而使谈判进行下去。

成功者说

在谈判陷入僵局时，灵活机动的人应该根据双方僵持的情绪心理，分析僵化的原因，对症下药。适时调整策略，化解双方矛盾使其不致激化。以适当的言行使僵局化解，推动谈判的顺利进行。

演讲要即兴而发

卡腾波恩是美国资深的新闻评论家。在哈佛大学上学时，参加过演讲竞赛。他选了一则短篇故事，题为《先生们，国王》。他把这篇故事逐字背诵，并预讲了许多次。

但在比赛那天，他说出了题目之后，脑子里便一片空白，什么也说不出来了。顿时不知所措，但在绝望之中，他灵机一动，用自己的话叙述了故事的大意。

后来，当评审把第一名奖章颁给他时，他惊讶万分，怎么也没想到。

从那天起，卡腾波恩便不曾背诵过一篇讲稿。通常他只做些笔记，然后自然地对听众演说。绝不用讲稿，这是他广播事业成功的秘诀。

写出讲稿背诵记忆，不但浪费时间和精力，而且容易失败。人在一生中说话都是自然的，一般不用费心细想言辞。我们随时都在思考着，等到思想明澈时，言语就会如同我们呼吸的空气一样，自然流出来。

用心理学理论来说，语言是随着人们的心理变化而变化的。既然人们的思维没有固定的模式，那么说话也不应该生搬硬套。

逐字逐句地背诵讲稿，面对听众时很容易遗忘，即使没忘，讲起来也会显得机械生硬而缺乏趣味。因为它不是演讲者发自内心的言辞，而只是在应付记忆。

美国总统林肯说过："我不喜欢听刀削式的、枯燥无味的演讲。当我听人演讲时，我喜欢看他表现得像在跟蜜蜂搏斗似的。"这就是自然、随意而又激昂起伏的演讲。在背诵演讲稿时，是绝不会达到这种效果的。

精心仔细地准备演讲是不是就得逐字逐句地将演讲稿全部背下来呢？不是。为了保证不在听众面前脑中一片空白，许多演说者一开始就栽进了背诵的陷阱。一旦染上这种心理麻醉的瘾头，就会不可救药地遵循浪费时间的演讲方式，那只能毁掉演说的效果。

在准备演讲时，最好将自己的生活和经历融入演讲的内容中。应当在自己的生活中，搜寻有意义、有人生内涵的经验。然后，把从这些经验中汲取的思想、概念等汇集在一起，并据此深化你的题目，让演讲的内容更为丰富和生动。这些都是自己的生活经验，不需要背诵就可以记住。

但是，即兴而发不等于不做准备。我们要想完美地施展自己的口才，做一次成功的演讲，事先必须有所准备。恰如建筑施工须有蓝图才能够一层一层地往上建。

演讲时，首先要明确为什么说，有明确的目的，说话要说到点子上。演讲的内容要有一个明确的中心，主题集中，观点鲜明，方能给听众留下清晰而深刻的印象。因此，必须注意从思考过的众多观点中选择出最能体现讲话宗旨的观点作为中心话题。而后围绕这一中心展开阐述，所有的论点和材料都必须为这个中心议题服务，决不能急于表现自己而不分主次。否则，听众就不会有清楚的认识。

在表达自己的观点和思想时，要恪守一条古老的格言："三思而后行"。要对自己的主要思想、观点仔细思考和推敲，力求对事物有足够的认识。把自己的观点整理明白再向别人叙说，信口开河是演讲者的大忌。

要知道许多人演讲常忽视这一点，以为只要说起来滔滔不绝如黄河之水，就是有口才。其实，这种观点是错误的。因为，健谈并不等于有口才。健谈是“能说”，并不一定是“会说”。如果演讲开始就喋喋不休，没完没了，会令人生厌。

无论多么精彩的演讲，如果听众听不懂，或无法接受，就等于说空话，白忙一场。所以，演讲首先要分清听众是什么样的人群、什么样的层次。

如果他们是普通的工人、农民、市民，就必须使用浅显、平易、朴实的语言，尽量少用专业术语，更不可咬文嚼字，故作高深，否则别人不易接受。如果听众是具有较高文化素养的人，语言就可文雅些，让自己的谈吐适应他们的水平。当然，能够做到雅俗共赏是最理想的，那将使你拥有更多的听众。无论如何，为了接近群众，和群众交流，并受其欢迎，演讲语言首要的还是通俗易懂。因为，只有这样，我们的演讲才能在听众中得到广泛的适应。那么，如何才能让演讲通俗易懂呢？

首先我们在演讲时要多用一些生活熟语和一些习惯用语或谚语。生活熟语是人们口头长期流传，渐渐固定下来的。熟语具有丰富的内容与精炼的形式，包括成语、惯用语、谚语、格言和歇后语等。它们虽然字数少，但寓意深厚，若运用得当，可使言语简洁，增强说话效果。

其次，我们演讲运用的口语主要是指多数人能听懂的口语，而不是那些多数人听不懂的方言土语。在演讲时要用浅显易懂的语言表达深刻的道理，这就并非“信口开河”能办得到的，而需要付出心血，经过认真学习和实践锤炼，方能“易处见精”。

虽说演讲的语言要求通俗易懂，但并不拒绝文采。相反，演讲的语言一定要有文采，才能生动形象。我们必须调动一切语言技巧，如逻辑技巧、修辞技巧，以增强语言的生动性和形象性。

成功者说

心理学研究表明，人在思维的时候用的是“口语”，而不是“书面语”，所以演讲过于依赖讲稿，就会使演讲死板而枯燥无味。如果善于即兴而发，随着自己的思维让其随意自如，再贴合听众的兴趣，将自己的思想恰到好处地表达出来，演说就会充满朝气与活力，就能使听众很好地听下去。

如何与听众情感共鸣

林肯做律师时，在一次诉讼中以充沛的情感赢得了胜利。

一天，一位老态龙钟的女人来找林肯，哭诉自己被欺侮的事。这位老妇是独立战争时一位烈士的遗孀，每月靠抚恤金维持生活。不久前，出纳员竟要她交付一笔手续费才准领钱，而这笔手续费等于抚恤金的一半，这分明是勒索。

开庭了，被告矢口否认，因为这个狡猾的出纳员是口头进行勒索的，没有凭据，情况显然对林肯不利。轮到林肯发言了，上百双眼睛紧盯着他，看他有无办法扭转形势。林肯用抑扬顿挫的嗓音，首先把听众引入美国独立战争的回忆中。林肯两眼闪着泪光，述说爱国志士是怎样忍饥挨饿在冰天雪地里作战，为浇灌“自由之树”洒尽最后一滴鲜血。最后，他做出令人怦然心动的结论：

“现在事实已成了陈迹。1773年的英雄，早已长眠地下，可是他那衰老而可怜的遗孀还在我们面前，要求代她申诉。不消说，这位老妇人从前也是位美丽的少女，曾经有过幸福愉快的家庭生活，不过，她已牺牲了一切，变得贫穷无依，她不得不依靠革命先烈争取来的自由，向我们请求援助和保护。试问，我们能熟视无睹吗？”

发言至此戛然而止。听众的心早被感动了，有的捶胸顿足，扑过去要撕扯被告；有的眼圈泛红，为老妇人流下同情之泪；还有的当场解囊捐款。在听众的一致要求下，法庭通过了保护烈士遗孀不受勒索的判决。

可以说，这是一次非常成功的演讲，他的辩论也是无懈可击的。从心理学角度来说，他首先用自己的感情来感染听众，引起大家的情感共鸣。他感人肺腑的言论令众人产生了共愤情绪，激起了大家的心理共鸣，使人们一致谴责那位出纳员的无理勒索。

因此，演讲者要抒发的情感，要含在演讲内容之中。从演讲的命题到演讲的观点，从演讲的叙述到演讲的议论，以至演讲中直抒胸臆之处，都浸透着演讲者的感情，只不过是表达感情的手段不同，有的直接，有的间接罢了。

最直接的语意传情是直抒胸臆，倾泻激情。不少感情浓烈、激越的演讲到了一个高潮时，演讲者往往都会用相对独立的语段，以排比句、反问句、感叹句、重叠句等表达。直抒胸臆，让感情如潮水倾泻而出，淋漓痛快，欲止不能。

我们的演讲，若想达到宣传的目的，就必须掀起人们的情感，触动人们的思想。所谓“通情才能达理”，也就是说我们与听众情感相通才能引起情感的共鸣。对于演讲者来说，就要怀着强烈的、带有爆发性的情感，“实在有话要说”“非说不可，不吐不快”才能讲好，才能“煽情”引发人们的心理共鸣。

苏联领导人赫鲁晓夫在联合国大会上的演说，感情充沛，内容丰富，本来收到了很好的效果。可是，他在激动之中忘乎所以，竟脱下一只鞋拿在手里，在讲台上使劲拍打，一时全场哗然。

赫鲁晓夫的例子留给人们深刻的教训。它启示人们，说话时必须善于控制感情。真情流露并不等于放肆，坦诚也必须有度。如果不加节制，感情表现为“过分状态”，别人就会将它与虚伪、轻浮联系起来。

心理学家卡洛·塔维斯说：“不仅应该认识坦白的必要，而且要知道什么时候应该坦白，坦白到什么程度。”

演讲需要尽情倾诉时，可让感情如潮水般一泻而出。但高潮过后，又要立即调节，绝对不可以放纵情感，信马由缰。虽然感情能打动人心，但是微妙的心理对感情的接纳也是有一定范围的。

演讲者在演讲中的言词一定要传情达意。首先，要有意义，没有意义，就没有必要演讲。

演讲要感染人，重要手段就是流露真情。

演讲中的情感抒发十分重要，但感情是受理智支配的，理智就是使感情为主题服务，时刻把握感情，不让感情冲淡主题。

有的演讲者不懂得控制自己的感情，一到伤心处就涕泪交流，泣不成声；一到愤慨时就不成句；一到高兴时又笑得前躬后仰，手舞足蹈。结果，听众只知道你在台上喜怒无常，根本听不清、弄不懂你在哭什么、气什么、笑什么。这样，又怎么能激发心理共鸣呢？

成功者说

俗话说："通情达理"。不管什么事只有"通情"，才能使理由充分通达。在演讲中只有触动人们的思想情感，才能将话说到人们的心里，才能达到宣传的目的，也才能与听众达成心理共鸣。

推销妙语敲开门

战国时期，齐国无盐有位妇女钟离春，大概是当时最丑的女人了。一天，钟离春来到王宫，说愿嫁给齐宣王当嫔妃。

齐宣王说："我宫中的嫔妃已经很多了，你想到我宫中，请问你有什么特殊的本领吗？"

钟离春回答说："没有，只是会点儿隐语。"齐宣王问她有什么隐语，只见她举目咧齿，手挥四下，拍着膝盖，高声喊道："危险了！危险！"反复说了四遍。

齐宣王不明白她的意思。钟离春解释说："举目是替大王观看烽火的变化，咧齿是替大王惩罚不听劝谏的人，挥手是替大王赶走阿谀进谗之徒，拍膝是要拆除专供大王游乐的雪宫。如今大王统治齐国，西边有强大的秦国，南方与强盛的楚国结有仇怨，对外尽是对付强敌的困难，朝廷上又有许多奸臣，而大王您又只爱听阿谀奉承之徒的谗言。您百年之后，国家社稷就会不稳，这是危险之一；您大兴土木修建雪宫，聚集大量金玉珠宝，搞得百姓怨声载道，这是危险之二；君子躲藏进了山林，小人包围在您的左右，奸邪的人立于朝堂，想规劝您的人见不到您，这是危险之三；您每天饮酒玩乐，只图眼前享受，不关心国家治理，这是危险之四。"

齐宣王觉得这位丑女说的很有道理，于是按照钟离春的劝谏，立即停止修筑雪宫，罢除宫中女乐，选能招贤，选练兵马，修缮战备。齐国从此强盛起来。

只要有自信，能巧妙地运用语言，就是“丑女”亦能见皇上。

戴尔·卡耐基说过：“每天我们都在推销，不论我们对推销是否在行。如果我们的工作跟别人有所接触的话，推销的意思便是说，我们不断地想办法使别人向我们购买或租赁、把理想的任务交给我们及相信我们的说法。”

有人说：婴儿的第一声啼哭，即是向世界推销自己。推销是一门综合性的艺术，它需要使出浑身的解数，集中自己所有的优势打动对方，让对方认可。

我们在推销中，处处都要正确地使用服务用语。服务用语是推销工作的基本工具，怎样使每一句服务用语都发挥它的最佳效果，要求推销员必须讲究语言的艺术性。如果用得巧妙就能起到事半功倍的作用。

一个资深的推销员，肯定对“商场如战场”这句话深有体会。在这看不见硝烟的激战中，我们不仅要靠智慧，并且要有好的风度和修养，更要具备“巧舌如簧”“妙语生花”的语言。只有掌握并运用好了这些语言，才有可能在遇到僵局时保持冷静，达到原本看似无法达到的目的。

但服务用语不能生搬硬套，它要求根据推销工作特点，灵活掌握。如在推销接待工作中，使用礼貌用语应做到自觉、主动、热情、自然和熟练。把“请”“您好”“谢谢”“对不起”等，最基本礼貌用语与其他服务用语密切结合起来运用，就会给推销工作增添效果。

那么，作为一名出色的推销员，如何正确地使用这些礼貌服务用语呢？总结一下，大致有三点值得注意。

注意选择词语　我们在运用服务用语时要注意选择词语。在表达同一种意思时，由于选择词语的不同会给顾客不同的感受，产生不同的效果。例如“请往那边走”使顾客听起来觉得有礼貌，如把“请”字省去了，变成“往那边走”，就显得生硬，变成命令式的了，这样会使顾客听起来很刺耳，难以接受。

在服务中要注意选择客气的用语　如用“几位”代替“几个人”，用“贵姓”代替“您姓什么”，用“去洗手间”代替“去上厕所”，用“不新鲜，有异味”代替“发霉”“发臭”等。这样，会使人听起来文雅，增加交谈的效果。

与人交谈时要注意语言音调和速度 说话不仅是在交流信息，同时也是在交流感情。许多复杂的情感往往通过不同的语调和语速表现出来。明快、爽朗的语调会使人感到大方和亲切友好；声音尖锐刺耳或说话速度过急，使人感到急躁、不耐烦的情绪；有气无力，拖着长长的调子，会给人矫揉造作之感；如果说话瓮声瓮气，言词不清，会给人拖拉不利索之感。因此，在与顾客谈话时，掌握好音调和节奏是十分重要的。我们应通过婉转柔和的语调，创造和谐的气氛。

成功者说

在推销过程中，与顾客谈话的时间不宜过长，这就需要我们语言简练。在交谈中，推销员如果能简要地重复重要的内容，不仅表示对话题的专注，也使对话的重要部分得到强调，使意思更明白，并能减少误会。

诚实赢得顾客的信任

霍尔曼是美国有名望的房地产巨商，也是知名度很高的推销员。有一次，他承包的一项房地产买卖意外受阻。这块土地虽靠近火车站，有着交通便利的优势，但它紧挨木材加工厂，人们难以忍受电动锯木的噪声。在开始的几次业务洽谈中，霍尔曼将实情瞒住，但最后均被买方了解到实情而致使洽谈失败。

后来，霍尔曼一改原先的工作方法，在找到了一位想购买地皮的顾客后，他如实地告诉顾客说："这块土地处于交通便利地段，比起附近的土地，价钱便宜得多了。当然，这块土地之所以没有高价卖出，是因为它紧挨着一家木材加工厂，噪声较大。这一点我事先向您说明，免得您不了解实情。"

见顾客沉默不语，霍尔曼又说："如果您能容忍噪声，那么它的交通条件，价格标准，均与您的要求相符合，确实是您理想的购买地方。"

不仅如此，霍尔曼还亲自带顾客实地考察，考察完后，该顾客非常满意，并对霍尔曼诚恳的态度大加赞赏。

有句格言说："万事以诚为本"。到什么时候，一名推销员都不应该将"顾客就是上帝"的思想抛在脑后。"无商不奸"应改为"无商不艰"，才能实现文明经商。

一个出色的推销员要用诚恳的态度，尽心尽力地去打动自己的每一个客户，使客户心甘情愿地掏出腰包而不后悔。

也许推销员都能体会到，面对今天林林总总的商品，日益激烈的商业竞争，越来越挑剔的顾客，要想让人心甘情愿地掏腰包购买商品，确实不是一件轻而易举的事。

面对有点"残酷"的现实，有一些推销人员便把"顾客就是上帝"思想抛到了九霄云外。为了使自己的商品能及早脱手，采取坑蒙拐骗的手段，甚至玩起一些歪门邪道。因而，市面上有不少以次充好，以假乱真的商品。面对这种可恶的现象，人们不禁深恶痛绝地称其为“奸商”。实际上，对文明经商的人来说，“无商不奸”应该改为“无商不艰”。他们在推销商品的过程中以诚恳的态度、亲切的话语，详尽的介绍商品，以实事求是的精神感动“上帝”，使其心甘情愿地掏腰包而不后悔。这才是我们今天提倡的。

那么，在通常情况下，推销员要用怎样的身份为自己的商品说话呢？

首先，要以服务员的身份说话。推销员和顾客不单是买卖关系，不单向顾客提供商品，更要提供服务，不能让顾客“花钱买气生”。

顾客购物时，总是要追求两个目的：既求价廉又求物美，当两者不能统一时，他就可能提出看法。这时推销员不要以辩论的口气去反驳，和顾客对立，而应当先接纳顾客的意见，然后，舍一端，取一端，加以说明。比如顾客说：“哎呀，怎么这样薄，恐怕不结实。”这时不要说：“谁说的？怎么不结实？您难道连这点眼力都没有？”而不妨也接纳顾客的意见，然后舍去“物美”不谈，只在“价廉”上做文章：“是呀，薄是薄了点，但便宜呀。再说现在衣服只穿一两年，就要换新样式，用不着太结实。”这样说，表示尊重顾客的意见，肯定其判断力，消除顾客的对立心理，进而说明自己的意见，显得可信。

同样，如果顾客对价格提出质问，推销员就应舍弃价格而只谈“物美”。如顾客问：“怎么这样贵？”如果答：“嫌贵就别买。”或“这还贵呀，那种更贵呢”，这样就会引起顾客的反感，打消买此物品的念头。要是说：“贵是贵了点，但您看这质量、这样式，一等品。花钱不就是买个地道货，您说是不是？”这样就使顾客感到此物确实值得买，而心甘情愿地买。

通常在交易中，顾客对推销员怀有双重心理：一方面有戒备心，怕推销员是“老王卖瓜，自卖自夸”，怕被欺骗；另一方面又有信任感，认为推销员懂得商品和行情。推销员应针对顾客的信任心理，以权威的身份说话。比如顾客经过挑选后，常会问：“请问，我是买红的好还是买绿的好？”这时推销员就应根据自己的判断确定一种：“红的好，红的配您的肤色最适宜，很多人都买这种。”这样就坚定了顾客的信心，促成了买卖。

推销员如以朋友的身份说话就要避免“公事公办”的面孔。因此，在回答问题时要尽量避免否定式，多用肯定语言。如顾客问：“有青岛啤酒吗？”“没有。”回答得硬邦邦，一下就拉大了与顾客的心理距离。如改用肯定语言:“对不起,现在只有燕京啤酒。”就好多了。

此外,还可互换角色,使双方的关系接近。如顾客想买而又犹豫时,推销员可说:“假如我是您,我就买。因为……”推销员的这样互换角色的方法,顾客容易接受。

成功者说

在很多时候,顾客对推销员的信任对其购买行为有很大影响,而信任常取决于推销员的语言和态度。因此,推销员不能老是盯着商品说话,不能老是把自己和顾客限于买卖关系之中,而应着眼于多重的人际关系中,以不同的身份说话介绍自己的商品。

向上司进谏有学问

美国经济学家亚历山大·萨克斯,1939 年受爱因斯坦等科学家的委托,企图说服罗斯福重视原子弹研究,以便在纳粹德国之前制造出原子弹。

尽管有科学家的信件和备忘录,但罗斯福反应冷淡,他说:“这些都很有趣,不过政府现在就干预此事,还为时过早。”但他为表示礼貌,邀请萨克斯于第二天共进早餐。

早餐开始前,罗斯福就提出,今天不许再谈爱因斯坦的信。但萨克斯微笑地望着总统,说:“我想谈一点历史。英法战争期间,在欧洲大陆上不可一世的拿破仑在海上却屡战屡败。这时,一位年轻的美国发明家富尔顿来到了这位法国皇帝面前,建议把法国战舰上的桅杆砍掉,撤去风帆,装上蒸汽机,把木板换成钢板。但是遭到了拿破仑的嘲笑,还被轰了出去。历史学家们在评论这段历史时认为,如果当初拿破仑采纳富尔顿的建议,19 世纪的历史就得重写。”

萨克斯说完后,目光深沉地注视着总统。罗斯福沉思了几分钟,然后斟满一杯酒,递给萨克斯,说道:“你胜利了。”

萨克斯终于说服了总统，揭开了美国制造原子弹的第一页。

很多时候，要想达到某种目的，必须得到上司的支持，或者排除他的错误干扰。如何向上司建言，就成了必须掌握的学问。

也许很多人都遇到“谏而不纳”的情况。当自己苦心酝酿出一个非常优秀的计划，兴冲冲地向上司推荐时，却会被拒之门外。这时很多人往往会为自己献策的不被采纳而苦恼，往往抱怨上司，说：“能遇上一个知人善用、从谏如流的上司就好了。”这几乎成了所有属下传统的、固定的思维模式。很少有人愿意换一种思维方式来考虑“谏而不纳”的原因。要知道领导在大小决策上的错误往往是由于个人情绪、好恶等而犯下的，只要稍加提示就能够让他意识到并自觉修正。

但聪明的下属为了不使领导感觉没面子或下不来台，应注意提示的方式，既要达到目的，又要委婉巧妙，使领导愉快地接受。

事实证明，很多时候下属过于直接的进谏，会使领导自尊心受损，大失颜面。因为这种方式使得问题与问题、人与人面对面地站到了一起，除了正视彼此以外，已没有任何的回旋余地，因而最容易形成不安全感和对立情绪。

可以说反对性意见犹如兵临城下，直指上级的观点或方案，怎么会使领导不感到难堪呢？特别在众人面前，领导面对这种已形成挑战之势的意见，别无选择，他只有痛击你、把你打败，才能维护自己的尊严与权威，而问题合理与否，早就被抛至九霄云外了。

通过间接的途径表达自己的意见更容易被人接受，这大概就是古人以迂为直的奥妙所在吧！原因其实很简单，间接的方法容易摆脱其中的利害关系，淡化矛盾或转移焦点，从而减少领导的敌意。在心绪正常的情况下，理智占了上风，他自然会认真地考虑下属的意见，就不会对正确的意见不闻不理。

许多领导久经世故，是能够临危而不乱、沉得住气的，不会立即做出过激反应；而且，有一定心胸，不会褊狭地受情绪左右，意气用事。

但是，在有些时候，心中的不快却是不能自控的，而且由于领导处于指挥全局的岗位上，又加入权力的因素，领导是很难避免出现愤怒情绪的。下属的直言不讳，往往会使领导觉得脸上无光，威信扫地，而领导的身份又决定了他非常需要这些东西。

所以迂回地表达反对意见，采用旁敲侧击的办法，既可避免直接冲撞，减少摩擦，又使领导更愿意考虑你的观点，而不被情绪所左右。卡耐基在《人性的弱点》一书中就提出，每个人都会犯错误，都有自己的自尊心，有些问题不必采用直接批评的方法，采用间接的方法来指出问题，效果反而会更好。

成功者说

向上司建言大有学问，如果下属以委婉巧妙方式，做到双方心知肚明，就能够愉快地被采纳。如果通过这种暗示，使其意识到自己的错误并自觉修正，是再好不过。人更容易在心理上接受自己得出的结论，如果一件事不好直言，或是直接说出来效果不佳的话，就不如“借题发挥”，让当事人自己想明白个中的道理，事情就容易多了。

领导说话要有威严

汉高祖刘邦没有什么文化，他手下的很多将领都出身贫贱，也没有多少文化。刘邦当了皇帝以后，大家还像当初一样，一起大吃大喝，放声高歌，拔剑击柱，把皇宫弄得一点威严都没有。刘邦这个平日不讲礼法的人，也受不了了，他觉得这样下去可不得了，应当想个办法整顿整顿才是。

有个叫叔孙通的儒生看出了刘邦的心思，就建议刘邦制定朝仪。每天上朝的时候，传令官发出号令，大臣们就分两路进入大殿。随着“皇上驾到”的高喊，汉高祖刘邦从内宫来到殿上，接受群臣朝拜，“皇上万岁万岁，万万岁”喊得震天响。参加朝拜的大臣，各人要自报姓名官职，恭恭敬敬地行礼，然后再退回到自己的位置。在朝拜中，御史负责执法，凡是在礼仪上出了差错的，就叫卫士把他带走。因此大臣们都十分严肃认真，从开始到结束，没有一个人敢喧哗失礼，唯恐出了差错。

自从叔孙通制定朝仪以后，原先宫廷上那种乱哄哄的情况再也没有出现过。皇帝有了至高无上的威权，君臣之间的一整套礼仪规矩建立起来了。刘邦终于尝到了当皇帝的滋味。

同是讲话，有的人讲话分量重，有的人讲话分量轻。那是因为说话者发言的方式与口气不同，这就是有权威的讲话与平常言谈之分。

作为管理者，必须要确保自己的命令和指示准确无误，不要对员工提出无理和过分的要求，发出的指令必须保证让员工切实遵照执行。

身为老板向属下提要求时，应当明确自己需要什么，什么时候需要，让员工相信确实急切需要他们去做。同时也要让他们明确自己所要完成任务的目的以及要达到的标准。

如果不明确限期，员工就不会重视提出的要求。当我们提出要求时，尽量说得具体一些。例如：

“下周一上午九点之前请将本周工作进度表交至每个小组负责人。”

“请在下个星期末把通过的解决方案交上来。”

“星期五总部派人来检查这项计划，请各部门做好准备。”

我们无论对下属还是对同事提出要求时，使用类似“让我们共同努力好吧”，比武断地说“你必须做好这件事”更容易令人接受。

如果一个老板在下达指令时，告诉员工所要完成任务的目的，让他们知道自己对整个计划都负有责任，让他们感觉到自己在与他协同工作，将会取得更好的效果。

谦逊有礼要比强迫专横或哀求的态度更容易让人接受，也更能让他人将工作做好。例如不要对下属说：“你现在马上去给我做这件事。”而应该说“今天你能够抽点时间解决这件事吗?你知道，这项计划是下个月的主要计划。因此，要尽快的完成它。”也不要对员工哀求：“这件事实在无人去做，只能靠你了。”

身为领导要知道，每个人都期望听到他人的赞许而不是批评。表扬可以帮助员工取得良好的效果。如果我们对他人说“你总是做错事情”或者“你的工作做得真蹩脚”，可以想象他们是永远也不会把工作做好的。

如果领导在员工面前提起他们过去的某件事情完成得十分令人满意，或者十分欣赏某人的工作态度，表扬那些工作出色或有良好工作态度的人，他们一定会把工作做得更好。

即使他们知道自己现在做得不很好，他们今后也一定会试图做得更加令人满意。肯定他们的工作能够增强他们的信心，也能够鼓励他们把工作做得更好。

领导要定期检查员工的工作进度。但不要冲进员工的办公室，劈头盖脑地问：“那个报告呢?”“做得怎么样了？”或者“你为什么还没完成?”而应采取和蔼的态度，轻轻握住对方的手，亲切地拍拍肩头，用缓和的语气告诉他应该马上完成，因为正急着用。

一个老板，如果经常询问员工工作的进展如何或者有什么困难，就可以知道布置的任务完成得怎么样了。做到以上这些，老板的权威在员工的心中会日益树立起来。

管理者必须要言必信、行必果。对自己的命令与指示要确保无误，并且不能提出过分和无理的要求，其言行在下属中才能实行。

一个明智的领导者，想要下属永远忠于自己，就要做到恩威并施。会唱白脸也要会唱黑脸，才能有效果。对居功自傲，目无上级的下属犯了错误，就要先唱黑脸，白脸要晚些上场。因为对这样的部下，要先挫其傲气；白脸过早上场，他还以为是援兵到了，更不愿改了。但对认错态度好的部下，要点到为止，不可过于指责，以“白脸”为主。

总之，英明的上级对待下属，要恩威并施，切不可伤其自尊心，损了面子。对脸皮薄的部下，不可过于严厉，点到即止，不能突破对方的心理承受能力，批评的目的是指出错在哪里，不是为个人出气，把他人整垮。

批评者只是充满善意地向他人进忠告，忠告固然应该深刻，刺激信号应到位，力争让对方认识到过失的严重而幡然悔悟。但忠告必须使人能够忍受痛苦、自责的折磨而不至于伤害自尊心。一旦过分，则会适得其反。

成功者说

老板不但是企业的领导，也是企业经济利益的代表，会面临各种各样的矛盾和利益的冲突。因此，与人讲话或发生争执是不可避免的事情。但作为领导人，要对自己的属下恩威并施，说出的每一句话都要有分量，才能以理服众人，打造自己的权威。

同事之间要和睦相处

据说宋代著名的宰相吕蒙正，当他被任命为副宰相，刚要上殿接受职务并感谢皇恩时，有人在帐下对他指指点点说："这小子也能参知政事，治理国家吗？"满心欢喜的吕蒙正装做没听见。

下朝后，有个同僚对他说要查出说这话的是谁。但吕蒙正却坚决不同意。他说："一旦知道了是谁说的这句话，便一辈子忘不了这件事，倒不如不知道为好。"

冤家宜解不宜结。吕蒙正这么做，不但没有降低他的威信，反而显得说他坏话的人不地道，更赢得了大家的敬重，私下里说他坏话的人也会对他感激不尽，今后会牢牢管住自己的舌头，死心塌地为他做事。

如果吕蒙正不知"聋"的奥妙，非要采用"黑"的手段查个水落石出，人查出来了，多为自己树了个敌人，也让周围的人自危，保不定背后说坏话的人会更多。

公司的老板看中的是下属的才能与创意能否给自己的事业带来活力与效益。其用人的目的很明确，所以他们晋升和提薪的标准是业绩，采用的是透明的竞争机制，下属之间相互捣乱或拉帮结派的不和睦则是老板最反感的大忌。

周围的同事也都讨厌那些搬弄是非、玩弄阴招的人，人们更愿意与那些有才气且心胸豁达的同事相处。现在有许多新行业需要团队的配合，同事间时常一起研讨，长时间地共处，彼此更了解，往往成为知心朋友，这点与传统的职场官道不同。

我们不要抱着同事是"冤家"甚至"敌人"的成见与思想去看待同事关系。如果这样，一个人就难以立足，一个团体就不能很好的发展了。同事之间相处的原则是彼此尊重、配合，尽力施展个人的才华，在透明竞争中共求发展。

所以，当我们听说背后有人指责或发泄不满情绪时，不管是出于误会、忌妒还是私怨，只要无伤大雅，就不必针锋相对，而要以笑脸相对，宽大为怀，这样更有助于大家全面了解、信任，赢得威信，并能促进同事和睦相处与发展。

即使自己独立创造的成果，也不可独占功劳。应让同一部门协助过自己的同事一起来分享这份荣耀。别担心自己所扮演的角色会被人遗忘，因为你的所作所为上司瞧得清清楚楚，如果自己一味卖弄、夸耀，反而会有邀功之嫌。这样共享荣耀的做法，一方面可以做个顺水人情，另一方面上司也会认为你很懂得搞好人际关系，而对你有更高的评价。

还要多跟别人分享对一些事情的看法，多听取和接受别人意见，才能获得众人的接纳和支持，顺利开展工作。

我们要学会以诚待人，虚伪的面具迟早会被人识破的。处事灵活，而要有原则。要懂得在适当的时候采纳他人的意见，但万事躬迎，毫无主见，会给人留下懦弱、办事能力不足的坏印象。

同事之间要互相关怀与体贴，同事患病之时，能体贴地问候，甚至递上一杯温水，买一些水果送去，都是举手之劳，却能增进大家的友谊，俗话说："将心比心都一样。"我们对他人好他人也对我们好，大家才能愉快地在一起，这样我们在公司就不会陷于孤立无援之境。

有的人工作态度非常严厉，虽然目的是为把工作做好，但在别人的眼里，却是刻薄的表现。如果一个同事平日连招呼也不跟其他同事打一个，跟同事间的唯一接触就是开会或交代工作，试问这样的同事谁会喜欢呢？

我们要与每一位同事保持友好的关系，尽量不要被人标签为是属于哪个圈子的人。若是这样，就会缩窄了人际网络，没好处。跟人打交道，避免牵涉人事或斗争，不搬弄是非，自然能获取别人的信任和好感。而那些只懂奉迎上司的人一定犯众怒。他们完全没把同事放在眼里，甚至苛待对待同事或下属，这样的人无疑是在给自己树敌。

成功者说

我们在平时要微笑着与大家相处。无论是勤杂工、实习生或总经理，都要向人展示友善的笑容，才能赢取公司上下的好感，获得亲切和睦的人际关系，才有利于前途与事业的发展。

如何赢得同事的好感

一天，小张来到办公室，一眼瞥见同事小童的红皮坤包就说道："哇噻！这个坤包可真够别致。从款式、颜色、质地上来说具一流的新潮，我敢说它一定是今年最流行的一款了。小童你可真有眼光。"

几句话把小童的说得晕乎乎的，她美滋滋地说："可不是吗？售货员说这款是最新上市的哩。对了小张，你昨天要找的资料找到了吗？我帮你找吧。"

"那就太谢谢你了，我正急着用它呢。"小张说。

瞧，一句赞美的话多么神奇！昨天小张问小童那份的资料在哪，而小童还爱理不理地说不知道。

如果同事相处融洽，办公环境就如春风拂面，让人感到温馨而愉悦，大家工作起来也有精神，工作效率就会不断地提高。如果同事之间相处不好，工作气氛就会冷冰冰的，工作也提不起劲头，甚至还会形成"冷战"，给工作带来影响。

那么，为了工作，办公室的同事之间该如何相处呢？

赞美的话人人爱听，同事之间也需要赞美。如果我们能用诚恳的态度，热情洋溢的话语来称赞同事，不仅表现自己的友善，博得对方好感，而且能够使对方感到自我价值被人认可，与自己产生共鸣，从而渴望拉近关系，深入交往。

虽然大家都在从事一样工作，但由于各人的相貌、体态不相同，兴趣、爱好各异，对于倾听谈话的偏好当然也形形色色。

因此，我们在赞美他人时也要讲究方式方法，在一些特定的场合，对陌生人直接的赞美会显得矫揉造作。此时，我们不妨采取"隔物打物"的迂回战术。不直接夸奖对方，而是盛赞与对方密切相关的其他事物，表现自己对对方眼光独到、经营有方的欣赏。

好言一句三冬暖。赞美的话能拉近同事之间的距离。但取得良好效果的先决条件是让对方感兴趣,要引起听者的兴趣,要符合听者的口味。同样的内容要针对不同的听者进行调味,犹如同样的食品原料,可以做成中国、日本、法国、意大利等不同风味的菜肴,说话的方式像改变食物的调理方式一样可以加以变化。

如果希望得到自己的预期结果,就得照顾到听者的接受程度,好好研究一下话语的表达方式和用词。有一位爱钓鱼的朋友说:“我非常爱吃草莓,但我从不用草莓钓鱼。”这是理所当然的,但许多人在说话时却常忽略了这一点。同事之间的赞美态度要诚恳,要充满友好才能迅速博得对方好感。

许多人说话时以自我为中心,凡是自己觉得有趣的东西,就认为对方必然感兴趣,殊不知对方却因为觉得无聊而猛打哈欠,根本没听进去。

有人在听到别人兴致勃勃地谈论诸如流行歌曲之类的话题时,就表现出不屑一顾的脸色,打断别人的话,喷出满口的哲学名词、文学术语,以表现自己的志趣高雅。这样的人最令人倒胃口。

因此,在说话时要让别人明了自己的意思,先要让别人愿意听,尽量贴近倾听者的口味,才能收到最大效果。只知道满足自己说话的欲望,而漠视听者就只能引起对方的反感。

所以我们在说话时,要注意听者的反应,探测对方的立场和想法,灵活改变自己说话的内容和方式,来使自己说出的话让听者愿意听。

一般情况下,听者对说话者所说的话都会有一定的反应,只要仔细观察,绝对可以捕捉到听者的心理变化。我们在钓鱼时何时收竿、如何收竿,要依渔漂的起伏变化而定,决不能乱动渔竿。因此,善钓者能由渔漂的变化,判断鱼的活动。

说话如同垂钓,要使听者理解、接受自己说的话,必须时刻盯着“渔漂”。闭着眼睛是在说瞎话,绝不能达到预期效果;跟人说话就要睁大眼睛,注意听者的反应。话说得太多了就会使人感到疲倦,主要倒不是因为嘴巴累,而是太劳神,因为要不断观察对方的反应,不断考虑调整谈话的内容。

如果有人说“听他说话真是无聊。越听越没味……”这就表明这个人在说话时没有观察听者的反应。也许有人会认为掌握听者的反应,随时改变话题和说话方式是很困难的，其实只要我们经常注意，人人都可以做到。

成功者说

在平时，在我们到办公室与同事相见或下班回家时，一句赞美的话，一个亲切的寒暄，都可以消除彼此的隔阂与紧张的关系，使大家感到友情而轻松，能愉快地相处与工作。